Les fruits

Les fruits

Texte original de Jana Dlouhá,
Miloslav Richter et Pavel Valíček

Adaptation française de Dagmar Doppia

Illustrations de Petr Liška

Gründ

GARANTIE DE L'ÉDITEUR

Adaptation française de Dagmar Doppia
Texte original de Jana Dlouhá, Miloslav Richter et Pavel Valíček
Illustrations de Petr Liška
Arrangement graphique par Petr Liška
Secrétariat d'édition : Isabelle Macé

Première édition française 1995 par Librairie Gründ, Paris

ISBN : 2-7000-1831-1
Dépôt légal : janvier 1995
Édition originale 1995 par Aventinum, Prague

Imprimé en République slovaque par Neografia, Martin
3/15/33/53-01

SOMMAIRE

INTRODUCTION

Les arbres fruitiers sont surtout cultivés pour leurs fruits, composants essentiels d'une alimentation saine et équilibrée. Les minéraux, vitamines, tanins, enzymes, pectines et substances aromatiques qu'ils contiennent sont en effet indispensables aux fonctions vitales de l'organisme humain et lui permettent de résister aux maladies.

La culture des arbres fruitiers relève du domaine de l'arboriculture. Cette branche de l'agriculture met en œuvre des méthodes de production particulières et de nouveaux procédés technologiques qui alimentent en fruits frais tout le réseau de distribution et l'industrie agro-alimentaire. L'arboriculture de loisir, qui compte de nombreux adeptes, n'a pas pour seul objet de compléter notre alimentation. Passe-temps agréable, elle suppose une activité physique en plein air et procure à l'arboriculteur amateur une grande satisfaction lorsqu'il peut contempler le résultat de ses efforts. Pour y parvenir, il faut naturellement posséder de bonnes connaissances techniques, car seul un arboriculteur bien informé est en mesure d'exploiter la vaste gamme d'espèces et de variétés fruitières existantes pour enrichir les espèces courantes de nouvelles formes originales.

Cet ouvrage est consacré aux variétés de fruits cultivées couramment en Europe et aux principaux fruits originaires des régions tropicale et subtropicale disponibles sur les étals des magasins. Il est possible de cultiver certains d'entre eux en Europe, à condition de disposer d'une installation spéciale, telle qu'un jardin d'hiver ou une serre, par exemple.

CLASSIFICATION DES ESPÈCES À FRUITS

Les espèces fruitières mentionnées dans cet ouvrage forment un groupe botanique extrêmement disparate, car elles appartiennent à des familles très diverses.

Les scientifiques classent les espèces à fruits en fonction de leur appartenance botanique. Dans la réalité, cependant, on opte plutôt pour une classification utilitaire, basée sur les caractéristiques qui motivent la culture de tel ou tel fruit. Les groupes ainsi constitués se distinguent généralement par un mode de culture et d'utilisation identique. Dans cette perspective, les fruits sont classés de la façon suivante :

Fruits à pépins : pomme, poire, coing, nèfle, sorbe, alise, corme et fruits de l'aubépine. Les fruits à pépins appartiennent à une seule famille, celle des rosacées *(Rosaceae)*. Leur partie utile est le faux fruit ou pseudocarpe. Selon les espèces et les variétés, les fruits n'achèvent pas leur maturation en même temps.
Fruits à noyau : pêche, abricot, prune (quetsche, prune d'Ente, mirabelle, reine-claude), cerise, merise. Les fruits à noyau appartiennent eux aussi à la famille des rosacées *(Rosaceae)*. La partie utile est une drupe enfermant un seul noyau. De taille, de couleur et de forme très variables, les drupes mûrissent à des périodes différentes.
Baies : la partie utile est une baie simple (cassis, groseille à maquereau, groseille rouge, fruit de l'hybride du cassis et du groseillier à maquereau *(Ribes nidigrolaria)*, myrtille, airelle) ou un ensemble de drupéoles portées par un réceptacle conique (framboise, mûre sauvage, fruit de l'hybride du framboisier et de la ronce). Les espèces citées appartiennent aux familles des saxifragacées *(Saxifragaceae)* (cassis, groseilles), des éricacées *(Ericaceae)* (myrtille, airelle) et des rosacées *(Rosaceae)*.
Fraise : la partie utile de la fraise est un réceptacle charnu qui abrite dans ses dépressions de très nombreux petits akènes. Le fraisier est la seule plante herbacée parmi les espèces fruitières de la zone tempérée. Il fait partie de la famille des rosacées *(Rosaceae)*.
Fruits à coque ligneuse : amande, fruit du pêcher-amandier, noix, noisette, châtaigne, pistache. La partie utile de ces fruits est la graine oléagineuse à grande valeur énergétique, riche en protéines et lipides végétaux. Selon l'espèce, il s'agit d'amandes (amandier de la famille des rosacées), de noix (noyer de la famille des juglandacées), de nucules (noisetier de la famille des bétulacées, pistachier de la famille des anacardiacées) ou de châtaignes (châtaignier de la famille des fagacées).
Mûre : fruit du mûrier (de la famille des moracées), la mûre forme un groupe de fruits à part. Par ses caractéristiques, elle pourrait être classée parmi les petits fruits, en dépit de la taille considérable des arbres et des arbustes qui la produisent.
Fruits exotiques : ce groupe réunit les fruits des régions tropicale et subtropicale qui viennent enrichir et diversifier l'assortiment traditionnel du climat tempéré. Beaucoup offrent une précieuse source de vitamines, d'autres contiennent des flavines et des minéraux.
Autres fruits : ce groupe recense des fruits introduits depuis peu dans l'arboriculture. Il s'agit par exemple des petits fruits des

actinidias (famille des actinidiacées, *Actinidiaceae*), du sureau et du chèvrefeuille (famille des caprifoliacées, *Caprifoliaceae*), du cornouiller mâle (famille des cornacées, *Cornaceae*), de l'argousier (famille des éléagnacées, *Eleagnaceae*) et du rosier *Rosa villosa* (famille des rosacées, *Rosaceae*). Toutes ces espèces sont riches en vitamine C ou en carotène.

ORIGINE DES ARBRES FRUITIERS

L'homme cultive certaines espèces depuis si longtemps qu'il est extrêmement difficile d'en déterminer l'origine. Toutefois, des études phytogéographiques ont démontré que les plantes actuellement cultivées proviennent de régions précises, assez bien délimitées, les régions de distribution actuelle de certaines espèces ne correspondant généralement pas à leur distribution initiale. Ainsi, l'introduction de nombreux arbres fruitiers « exotiques » dans les conditions climatiques européennes a représenté une réelle aventure.

Le berceau des arbres fruitiers se trouvait vraisemblablement dans les vallées de haute montagne à l'intérieur des terres ou sur les hauts plateaux des régions tropicale et subtropicale. En considérant ces sites, on constate qu'il s'agit le plus souvent de territoires accidentés, peu étendus, caractérisés par de forts écarts thermiques et exposés à d'intenses rayonnements ultraviolets. Ces régions offraient les conditions optimales pour qu'apparaissent des mutations génétiques, autrement dit des transformations entraînant l'apparition de caractères nouveaux, transmissibles à la descendance. Par la suite, des croisements spontanés et la sélection d'individus résistants ont également pris part à la genèse des plantes de culture. Pendant des millénaires, celles-ci ont été introduites sur d'autres continents par l'homme qui a mis ce temps à profit pour les transformer progressivement.

Aujourd'hui, on mentionne généralement l'existence de douze régions d'origine des plantes cultivées (1), les principales espèces à fruits provenant de neuf d'entre elles.

1. **L'Est asiatique** (I) englobe les régions d'Asie orientale, principalement le Népal, la Chine et l'archipel du Japon. Il s'agit de l'une des régions les plus importantes du point de vue de la variété spécifique, car elle a donné jour à quelque cent trente espèces cultivées. On observe surtout cette diversité spécifique chez les arbres fruitiers originaires des zones tempérée, tropicale ou subtropicale. Le pêcher, le

mûrier blanc, l'abricotier, l'actinidia, le litchi et le kaki y sont nés. Les agrumes y sont particulièrement bien représentés avec la mandarine, le kumquat, le pamplemousse et l'orange.

2. **La région indo-malaise** (II) s'étend sur le Sud-Est asiatique, l'Indonésie, la Malaisie, les Philippines et l'Océanie. C'est la patrie du durian, du mangoustan et surtout du bananier aux formes multiples. Le genre *Citrus* est représenté par le citron, la lime et le pamplemousse.

3. **La région indienne** (IV), spécifiquement très riche, couvre pratiquement l'Inde et le Bangladesh. Mangue et cédrat en sont originaires.

4. **L'Asie centrale** (V), qui s'étend sur l'Afghanistan, le Tadjikistan, l'Ouzbékistan et la partie occidentale du T'ien-chan, a donné le jour à l'amandier, l'abricotier, l'argousier et le fraisier des bois.

5. **L'Asie antérieure** (VI) englobe l'Asie Mineure, l'Arabie, la Transcaucasie, l'Iran et les hauteurs de la Turkménie. C'est la patrie du prunier, du cerisier, du pommier, du poirier, du noyer, du cognassier, du néflier, du cornouiller mâle, du mûrier noir, du rosier, mais aussi du grenadier, du figuier et du dattier.

1. Aires de distribution d'origine des arbres fruitiers.

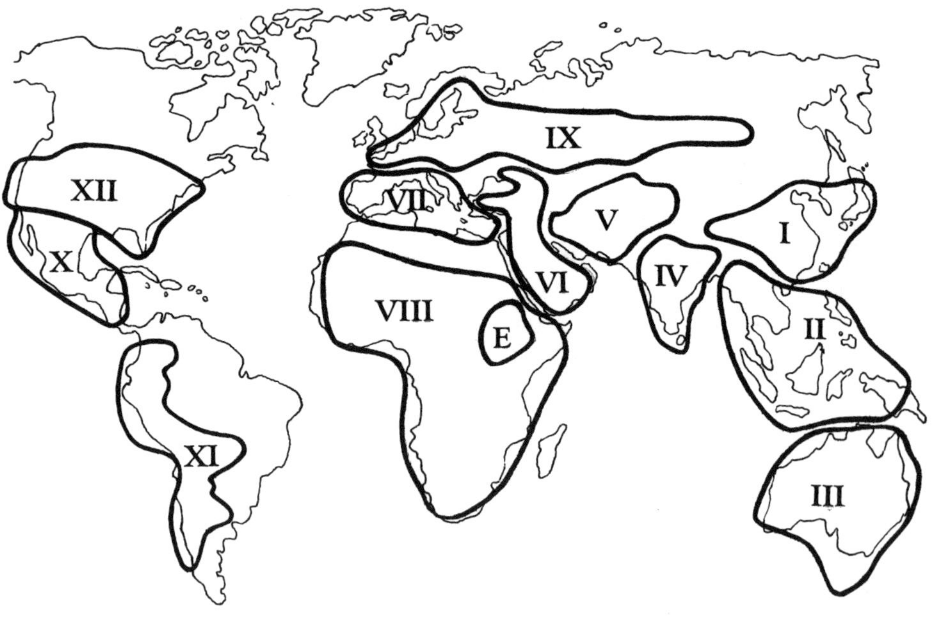

6. **La région méditerranéenne** (VII) est formée par les pays du pourtour méditerranéen : Grèce, ex-Yougoslavie, Italie, midi de la France, Espagne, Portugal, Afrique du Nord, Syrie et Israël. Son climat, caractéristique, est marqué par des étés caniculaires et arides suivis par des hivers doux, généralement pluvieux. Assez pauvre en espèces, elle constitue plutôt une zone de distribution spécifique secondaire : ainsi, certains agrumes tels que le citronnier et l'oranger, originaires d'autres régions, ont trouvé en Méditerranée des conditions optimales pour leur croissance et leur développement. De même, la variété méditerranéenne de la mandarine a été obtenue par croisements d'espèces de mandarine introduites. Toutefois, cette région est le berceau du pistachier, du caroubier, mais aussi du merisier et du noisetier.

7. **L'Amérique centrale** (X) couvre le Mexique, le Guatemala, Belize, le Costa Rica, le Honduras, le Salvador, le Nicaragua, Panamá et les Antilles. Parmi les fruits originaires de cette région, citons l'avocat, la papaye, la goyave, la sapotille et le fraisier de Virginie.

8. **La région sud-américaine** (XI), l'une des plus vastes, englobe le Pérou, l'Équateur, la Bolivie, le Chili, le Brésil et le Paraguay. On lui doit le feijoa, la noix de cajou, l'anone, le fruit de la passion, la goyave, le fraisier du Chili et quelques autres espèces encore.

9. **L'Amérique du Nord** (XII), considérée depuis peu de temps comme un véritable « centre génétique », a vu naître la myrtille, l'airelle et la noix de pécan.

Les autres régions, c'est-à-dire l'Australie (III), l'Afrique (y compris la région éthiopienne : E) (VIII) et l'Eurasie (IX) sont de moindre importance.

L'agriculture est apparue très certainement en Mésopotamie, à l'époque où la majeure partie de l'Europe située au nord des Alpes disparaissait encore sous la neige et la glace. Après les dernières périodes glaciaires, l'Europe a commencé à se peupler au cours du Paléolithique supérieur. Les peuples pratiquant l'agriculture se déplaçaient avec leurs plantes de culture ; ils pénétrèrent sur le continent européen par deux voies : la première, partie du Caucase, traversait les steppes d'Europe orientale ; la seconde, née en Asie Mineure, traversait l'Afrique du Nord pour déboucher sur la péninsule Ibérique. Cette migration s'est prolongée depuis le Paléolithique supérieur jusqu'à l'âge du Bronze.

Les plantes furent d'abord cultivées pour leur valeur énergétique, de sorte que céréales et légumineuses prédominaient largement, les fruits et les noix ne représentant qu'un complément du régime alimentaire principal. Au début des temps historiques, les arbres fruitiers d'Asie Mineure ont commencé à se répandre en Europe par la Grèce et l'Italie. Au fil de leurs conquêtes, les Romains les introduisirent dans les régions situées plus au nord. On sait que, bien avant notre ère, on plantait des vergers dans la Rome antique, car les fruits de qualité et les raisins composaient l'élément indispensable des banquets. Dans les célèbres vergers de l'empereur Auguste, on cultivait des poiriers, des pommiers, des figuiers, des abricotiers et la vigne. L'écrivain agronomique Palladius énumère les différentes variétés de pommes, signalant que « le pommier aime la terre grasse et forte, irriguée par elle-même sans qu'il soit nécessaire de s'en préoccuper ».

Dans les plus anciens écrits, l'agriculture des Slaves et des Germains n'est pas associée à l'arboriculture. D'après le témoignage de Tacite, les Germains ne connaissaient pas la culture des arbres fruitiers, les cultivars de pommiers n'ayant été introduits dans les régions situées au nord des Alpes qu'après l'invasion romaine. Après la chute de l'Empire romain, l'arboriculture a connu un déclin sur la péninsule Italienne comme dans les anciennes colonies romaines.

Ce n'est qu'au IXe siècle que l'agriculture et la culture des fruits et des légumes a enregistré un nouvel essor. Dans les ouvrages consacrés à l'histoire de l'arboriculture, on cite aujourd'hui encore l'ordonnance de Charlemagne *Capitullare de villis et cortis imperialibus* qui date de 812 et qui réglemente l'administration des propriétés terriennes de l'empire, les soins qui doivent être apportés aux jardins et les types de plantes qu'il convient d'y cultiver. En plus des variétés de légumes, de plantes d'ornement et de simples, on mentionne à ce propos quatorze espèces d'arbres : amandier, noisetier, châtaignier, cerisier, merisier, mûrier noir, noyer, pêcher, pommier, prunier, cormier, cognassier, figuier et néflier. Au Moyen Âge, en dehors des jardins royaux, on se consacrait à l'arboriculture dans les jardins des monastères. Les moines créèrent des vergers et des potagers dès les VIIIe et IXe siècles, généralisant la culture des fruits et des légumes en Europe centrale et septentrionale. À la fin du Moyen Âge, les fruits gagnèrent leur place dans le régime alimentaire du peuple. Les sources historiques rapportent qu'au temps de Luther, les environs de la ville d'Erfurt n'étaient qu'un seul vaste jardin, planté d'arbres majestueux. On utilisait les pommes pour la préparation de cidre doux ou sec, les poires et les prunes pour les marmelades.

Les descriptions de fruits et les présentations de leurs vertus curatives prédominent dans les documents datant du début de l'époque moderne. On connaissait alors les modes de multiplication végétative, les variétés de certaines espèces, les principales maladies et organismes nuisibles. Touchée très gravement par la guerre de Trente Ans, l'arboriculture n'a connu un renouveau que dans les années 1670. C'est en France, aux XVIIIe et XIXe siècles, qu'on a développé le plus grand nombre de variétés. Des espèces issues d'une longue sélection naturelle puis cultivées par l'homme, se multiplièrent. Des sélections accidentelles, puis intentionnelles, visant à améliorer les qualités de la plante par des croisements donnèrent le jour à de nouvelles races. De cette façon, les espèces cultivées ont acquis de nombreuses propriétés utiles pour l'homme.

La sélection de nouveaux porte-greffes qui permettent de donner différentes formes à des cultivars (formes en fuseau, naines, basse tige, etc.) joue désormais un rôle capital dans l'arboriculture qui a recours à des technologies agricoles modernes, en fonction des besoins du cultivateur.

BESOINS ÉCOLOGIQUES DES FRUITS

Les **fruits à pépins** sont moins exigeants en matière de lumière que les fruits à noyau. Lorsque vous installez de jeunes arbres, respectez des distances de plantation suffisantes. Élaguez la cime de sorte que la lumière puisse atteindre les feuilles qui se trouvent à l'intérieur. Les fruits bien exposés à la lumière prennent une belle coloration et davantage de saveur. La température de l'air et du sol pendant la période végétative mais aussi durant le repos exerce également une grande influence sur la fructification. La culture des fruits à pépins nécessite une température annuelle moyenne de 7 °C environ. L'eau est un autre facteur essentiel pour la croissance des arbres. Elle dissout les matières nutritives dans le sol et facilite leur transfert par les racines jusqu'aux feuilles, puis véhicule leur produit de transformation jusqu'aux fruits et aux autres organes. Les arbres puisent la quasi-totalité de l'eau qui leur est nécessaire dans le sol, le reste, assimilé par les feuilles, provenant des précipitations et de la rosée. Ainsi, les fruits à pépins ont besoin d'un taux de précipitation annuel de 500 mm au moins. L'oxygène aérien intervient dans tous les processus qui se déroulent dans la plante, mais aussi dans le sol, la pollution industrielle et les gaz d'échappement figurant parmi les principales nuisances. Le sol qui convient le mieux à la culture de fruits à pépins est moyennement lourd, argileux, éventuellement argilo-sableux ou argilo-limoneux. Son pH optimal varie de 6,2 à 7,2. Le substrat doit être perméable, les eaux souterraines se situant tout au plus à 1 ou 1,20 m sous la surface du sol.

Le pommier compte parmi les arbres à gros fruits les moins exigeants quant à sa situation et à la configuration du terrain ; il s'adapte facilement, comme en témoigne la multitude de ses porte-greffes et de ses variétés.

Le poirier est plus exigeant que le pommier en ce qui concerne la lumière, la température et la qualité du sol. Il a besoin d'un sol plus perméable, neutre, riche en matières nutritives, et donne de piètres résultats dans les sols calcaires, lourds et imperméables.

Les **fruits à noyau** ont des besoins plus affirmés en matière de lumière, de température et de qualité du sol.

Le pêcher est l'arbre fruitier le plus difficile à satisfaire quant à l'exposition au soleil. Il prospère dans les endroits où la température annuelle moyenne varie entre 8 et 10 °C et le taux annuel de précipitations entre 500 et 700 mm. Il a besoin d'un sol profond, perméable, argilo-sableux ou sablo-argileux, chaud, contenant 5% de calcite (carbonate naturel de carbone) de pH 7. L'eau souterraine doit se trouver tout au plus à 1,50 m de profondeur. On cultive les pêchers de préférence sur les basses terres ou les pentes douces, à une altitude de 200 à 300 mètres ; l'abricotier a des besoins un peu moins marqués en matière d'ensoleillement, de température et d'humidité que le pêcher.

Le prunier (quetsches et ses hybrides, reines-claudes, prunes d'Ente et mirabelles) est incontestablement l'arbre fruitier le moins exigeant ; on le cultive facilement depuis les régions froides jusqu'à la zone climatique aride. Il a besoin de moins de lumière que le pêcher, l'abricotier ou le merisier et compte parmi les espèces les plus résistantes au froid. Les régions qui conviennent le mieux à la culture du prunier sont celles dont la température moyenne annuelle varie de 7 à 9 °C. Il nécessite en revanche beaucoup d'eau : un taux de précipitations annuel de 500 à 600 mm, une couche aquifère souterraine se situant à 70 ou 80 cm sous la surface du sol. Un sol argileux, voire sablo-argileux pourvu de bonnes réserves d'eau est celui qui lui convient le mieux. L'altitude optimale pour sa culture oscille entre 300 et 500 mètres. Les pruniers font partie des espèces qui n'ont pas besoin d'une exposition au soleil tout le long de l'année. C'est pourquoi on peut les planter en bordure d'autres parcelles.

Le merisier ne supporte pas l'ombre, recherchant des températures annuelles moyennes de 7,5 à 9 °C. Nécessitant beaucoup d'humidité, l'arbre puise l'eau des couches souterraines assez profondes grâce à son système racinaire très développé.

Le cerisier commun est une espèce moins exigeante que le merisier de sorte qu'on peut le cultiver sous des climats plus rudes, de préférence sur les versants méridionaux, orientaux ou occidentaux. En terrains froids ou encaissés, les arbres deviennent sensibles aux attaques de champignons ou risquent de pâtir du froid. Ils préfèrent les sols sablo-argileux, de pH 6,5 à 7. En général, le cerisier commun prospère dans un écosystème qui convient au merisier.

Les espèces donnant des **fruits à coque ligneuse** se montrent assez exigeantes quant à l'ensoleillement, à la chaleur et à la qualité du sol.

L'amandier et le pêcher-amandier se plaisent sur des terrains en pente bien ensoleillés, au sol chaud et assez léger. La nature du sol important peu, les deux arbres s'accommodent des terrains pauvres en humus. Plus difficiles que le pêcher en matière de température, ils ne peuvent prospérer que sous des climats chauds.

Le noyer commun se plaît tout particulièrement dans les régions viticoles. En Europe centrale, on le cultive jusqu'à une altitude de 400 à 500 mètres. Les terrains bien dégagés et ensoleillés, légèrement en pente, conviennent bien à sa culture. Le noyer a besoin d'un sol profond, humide, riche en matières nutritives.

Le noisetier apprécie quant à lui les climats doux et chauds, aux précipitations abondantes, et les altitudes moyennes (sur les basses terres ou dans les collines), de 300 à 400 mètres. Il exige un sol assez chaud, argileux, voire argilo-sableux, profond et riche en humus.

Le châtaignier commun prospère dans les régions viticoles aux sols profonds et neutres. Pour mener à bien la maturation de ses fruits, il a besoin d'un automne chaud, bien ensoleillé.

Le **mûrier** recherche un climat chaud et des sols ensoleillés bien humides.

À l'instar des fruits à pépins, les **baies** sont moins exigeantes en matière de lumière, de température et de qualité de sol que les fruits à noyau. Les écosystèmes qui se prêtent le mieux à la culture se caractérisent par une température annuelle moyenne de 7 à 8 °C et par un taux de précipitations optimal de 600 à 700 mm (800 mm pour le framboisier). Les espèces à baies prospèrent sur des sols moyennement profonds et perméables, argilo-sableux ou argileux, de pH 6,5 à 7, en plaine ou sur des terrains en pente douce, bien dégagés.

Le cassis, le groseillier à maquereau et la ronce ont besoin d'un meilleur ensoleillement et de chaleur que le groseillier rouge et le framboisier. Ce dernier se montre particulièrement exigeant en matière d'humidité du sol, car il possède un système racinaire peu profond. La myrtille et l'airelle nécessitent des sols acides, des précipitations abondantes et une situation semi-ombragée.

Le **fraisier** est une espèce polymorphe qu'on peut cultiver dans presque toutes les régions. Il fructifie bien et donne des fruits de bonne qualité même à des altitudes supérieures à 500 mètres. On le cultive le plus souvent en plaine, mais de petites plantations peuvent subsister même dans un terrain accidenté. Il est alors recommandé de le planter sur les versants présentant une exposition sud-ouest et même nord, à condition toutefois de le mettre à l'abri des écarts thermiques importants au début du printemps. Les versants orientaux et méridionaux, quant à eux, ne sont pas assez arrosés pour sa culture, le taux de précipitations optimal variant entre 600 et 700 mm. Les variétés de fraisier qui fructifient deux fois par an se plaisent dans des régions chaudes, bien abritées.

Les **fruits exotiques** constituent un groupe extrêmement disparate en raison de la diversité de leur origine. Les espèces originaires des tropiques exigent des températures élevées, un bon ensoleillement, et réagissent souvent avec sensibilité à la longueur du jour. Pour cette raison, leur culture en serre chauffée sous les climats tempérés s'avère assez délicate. Parmi les espèces subtropicales, en revanche, un certain nombre (agrumes, bibacier, figuier, etc.) peuvent être cultivées en appartement ou dans une installation de culture rudimentaire telle une véranda, un jardin d'hiver, etc.

Les autres fruits ne montrent pas d'exigences particulières en matière de sols ou de substances nutritives. Le sureau, le cornouiller mâle, l'alisier ou le rosier *Rosa villosa* s'adaptent très facilement ; seul l'argousier est sensible aux substances azotées.

MÉTHODES DE CULTURE

On obtient la matière première d'un verger, c'est-à-dire les jeunes arbres et arbustes, par semis, par multiplication végétative directe, en faisant prendre racine à des fragments végétaux (bouturage) ou par multiplication végétative indirecte, par greffage des sujets sélectionnés. Ceux-ci se multiplient à leur tour de façon végétative ou sexuée.

2. a- marcottage par couchage de rameau (groseillier) : le rejet est allongé dans une tranchée et recouvert de terre ;
b- bouture de rameau ligneux ;
c- bouture plantée dans le sol ne laissant apparaître que le bourgeon terminal.

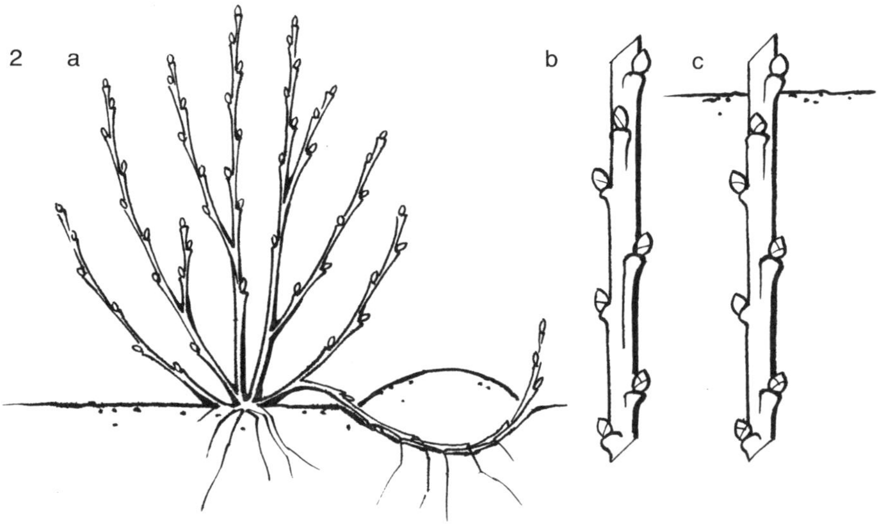

Le semis est un mode de multiplication naturel et simple, quoique long. Les nouvelles plantes obtenues par semis poussent bien. Elles sont saines, mais de qualité inégale. En outre, elles sont généralement

3. Marcottage aérien (pratiqué sur une espèce tropicale).

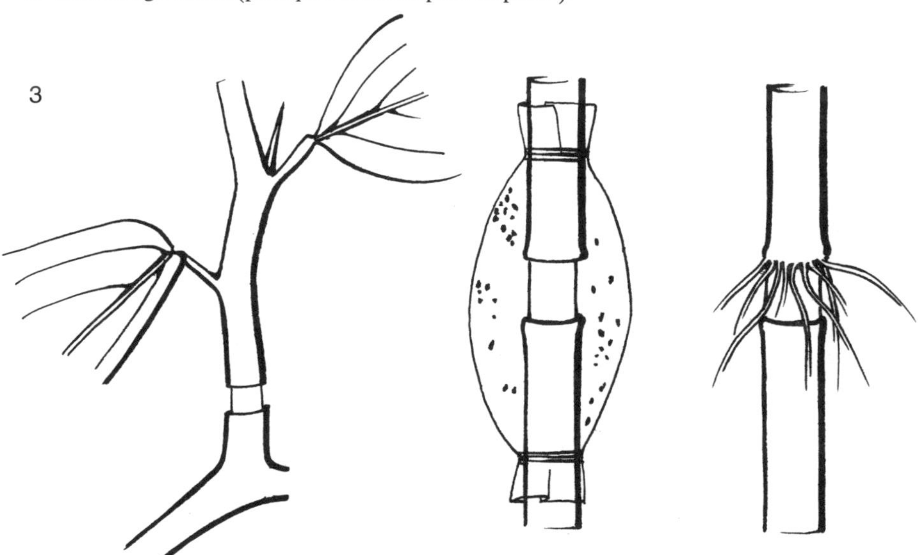

différentes de la plante mère et leurs fruits, de moindre qualité, ressemblent à ceux que produisent des arbres spontanés. Leur vigueur et leur vitalité caractéristiques compensent toutefois cet inconvénient.

Les espèces à baies, le fraisier, le noisetier, le prunier et les fruits récemment introduits se multiplient de façon végétative directe, par boutures (2), marcottes (2, 3), stolons, etc. Les nouveaux individus conservent alors les qualités de la plante mère. Un grand nombre d'espèces tropicales se multiplient par marcottage aérien (3).

Le greffage est un mode de multiplication végétative indirecte. C'est le plus courant et le mieux adapté aux arbres fruitiers dans nos conditions climatiques. La greffe est destinée à provoquer la soudure de deux espèces végétales apparentées, représentées par le porte-greffe et le greffon. Les plus utilisées sont la greffe en fente, la greffe en couronne (4) et la greffe en écusson (5).

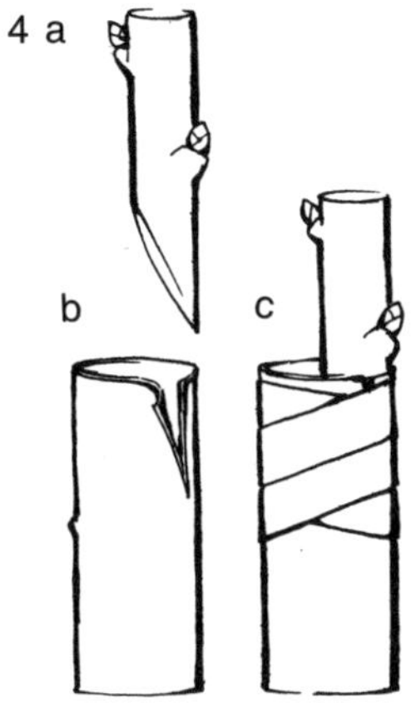

4. Greffe en couronne :
a- coupe de la greffe ;
b- décollement de l'écorce ;
c- introduction de la greffe et fixation à l'aide d'un ruban adhésif.

PLANTATION

Avant de planter les arbres fruitiers, il est indispensable d'évaluer, de choisir et éventuellement d'aménager l'endroit qui assurera aux plantes les meilleures conditions de croissance et de développement. Il faut également déterminer la forme adéquate des arbres, respecter les distances optimales, prévoir les individus mâles pour la fécondation, etc. Une erreur commise à ce stade est généralement difficile à réparer et peut entraîner une baisse de productivité des arbres pen-

5. Greffe en écusson :
a- préparation du greffon ;
b- prélèvement du greffon comportant un œil ;
c- incision de l'écorce du porte-greffe en forme de T ;
d- introduction du greffon sous l'écorce et élimination des parties superflues ;
e- fixation à l'aide d'un ruban adhésif.

5 a b c d e

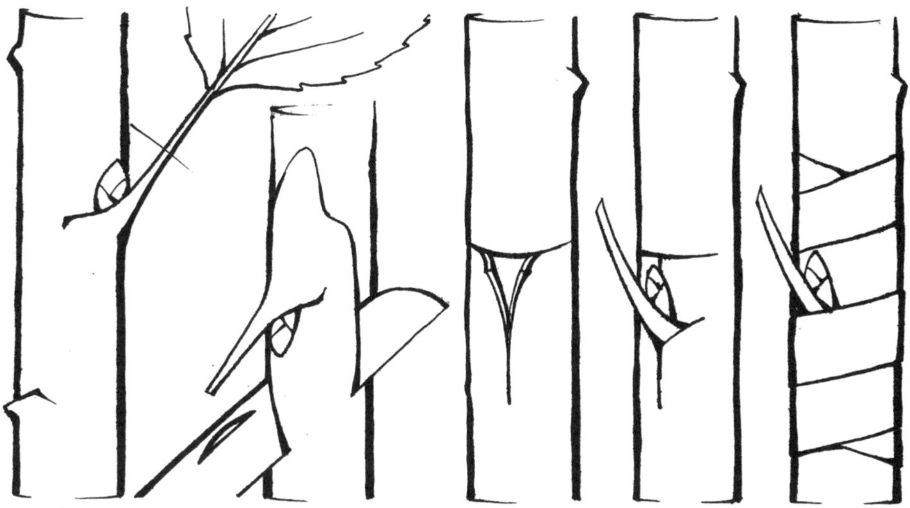

dant de longues années. Nous indiquerons les distances préconisées lors de la plantation de jeunes arbres dans la partie consacrée à la description des différentes espèces.

En règle générale, on plante les arbres et les arbustes durant la période de repos végétatif. Compte tenu des conditions climatiques, on procède à la plantation en automne (à la fin de la période végétative) ou au contraire au printemps (avant l'apparition des bourgeons). Auparavant, il convient de préparer le système racinaire. En effet, en déterrant la jeune plante dans la pépinière, on peut abîmer les radicelles. Ces dernières doivent alors être éliminées jusqu'à la partie ligneuse saine. C'est également l'occasion de raccourcir les racines trop longues afin de donner au système racinaire une forme régulière correspondant à celle de la cime après la première taille.

En plantant les jeunes arbres, veillez à ce que le collet se trouve à 5 cm au-dessus du sol : la terre finira par se tasser dans le trou, et le collet du système racine se trouvera alors au même niveau que dans la pépinière. La plantation terminée, attachez provisoirement l'arbrisseau à un tuteur afin de contrôler l'abaissement provoqué par le tassement de la terre (6).

Les formes arbustives des espèces à baies et des espèces récemment introduites doivent être plantées de 5 à 8 cm plus profondément que dans la pépinière. Si vous ne pouvez pas assurer un arrosage régulier, ne procédez à la plantation de ces arbustes qu'en automne. Installez les fraisiers dans des trous de 10 à 15 cm de profondeur et de diamètre. Le collet ne doit pas être recouvert ni dépasser trop au-dessus du sol. La plante doit résister à la traction exercée par les feuilles.

6. Plantation d'un jeune arbre fruitier :
a- préparation du trou ;
b- plantation et fixation de l'arbrisseau à un tuteur ;
c- finition en comblant le trou avec un monticule de terre.

6

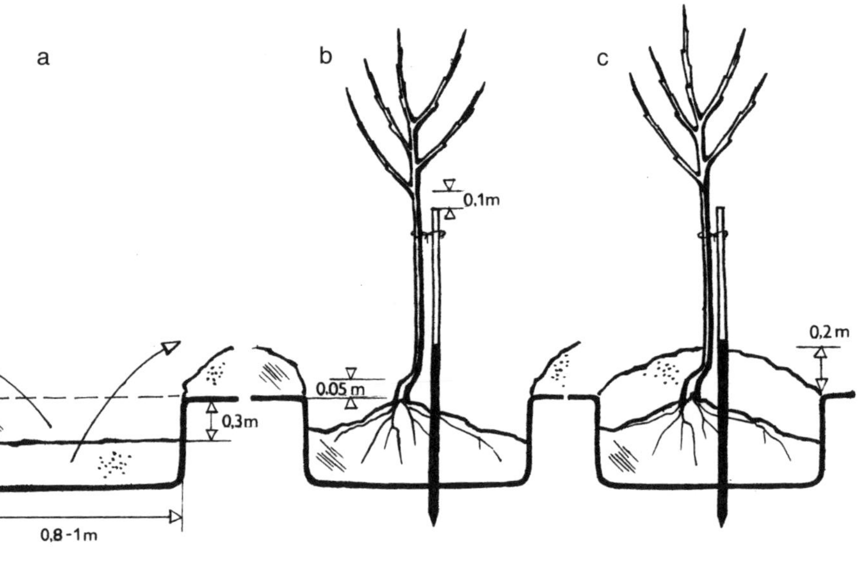

LA TAILLE DES ARBRES FRUITIERS

La taille fait partie de l'ensemble des mesures indispensables en arboriculture. Le mode et le degré de la taille requièrent des connaissances théoriques et de l'expérience pour maîtriser les particularités relatives à la croissance et au développement des différentes espèces et variétés. Après la plantation, il est indispensable d'assurer au jeune arbre une taille de formation (7) qui lui permettra de croître de façon harmonieuse et équilibrée. À l'âge moyen de la plante, il s'agit de mainte-

7. Taille de la cime en pyramide étagée :
a- 1 an après la plantation ;
b- 2 ans après la plantation ;
c- 3 ans après la plantation.

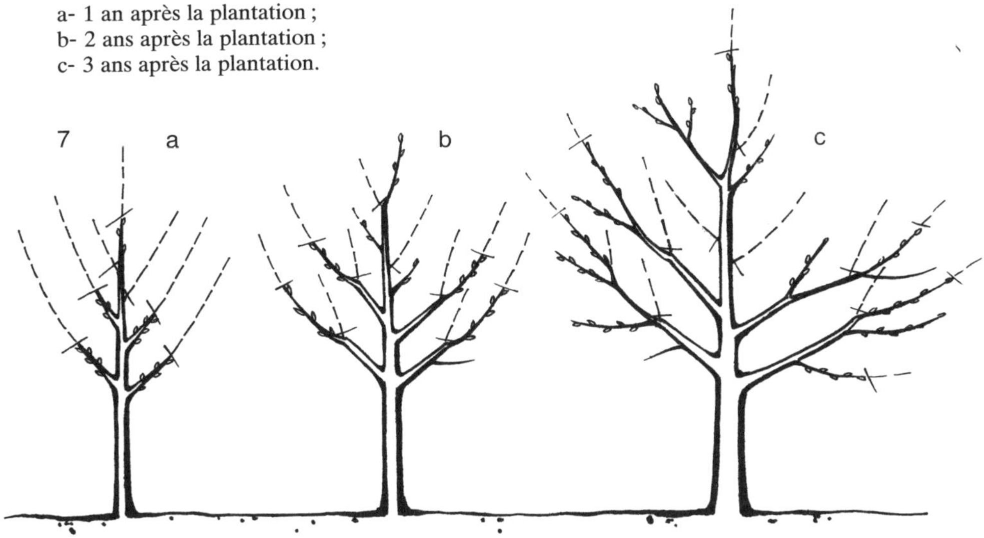

nir un équilibre physiologique entre la croissance et la productivité par une taille d'entretien. Chez les arbres jeunes ou âgés, on raccourcit les branches trop longues et peu productives par une taille de fructification ; en provoquant un renouvellement radical du bois, on améliore son approvisionnement en matières nutritives et par conséquent l'état de santé de toute la plante.

RÉCOLTE, ENTREPOSAGE ET TRAITEMENT DES FRUITS

La maturation des fruits met en œuvre plusieurs processus biochimiques. Les fruits prêts pour la cueillette ne le sont pas forcément pour la consommation. Le laps de temps qui sépare ces deux maturités optimales est plus long chez les fruits à pépins, surtout chez les variétés d'automne et d'hiver. Chez les fruits d'été, c'est-à-dire chez les fruits à noyau et les petits fruits, ce temps est nettement plus court. La maturité optimale pour la récolte est déterminée selon divers facteurs, parmi lesquels l'adhérence du pédoncule à la branche, la coloration et le degré de développement de la graine, la couleur du fruit, la consistance et la saveur de la pulpe, etc.

La température est un critère déterminant lors de l'entreposage des fruits. En effet, la baisse de température réduit l'activité des micro-organismes et des enzymes, ralentissant de ce fait les processus biochimiques qui accompagnent la maturation des fruits. Ainsi, la température idéale pour l'entreposage des pommes et des poires varie de 1 à 3 °C, selon la variété. L'humidité atmosphérique est un autre facteur à prendre en compte lors de l'entreposage des fruits. Dans le local destiné à cet usage, l'humidité de l'air doit varier entre 85 et 90 %. La durée de l'entreposage dépend du fruit lui-même et de son mode de distribution : ainsi, certaines espèces destinées à l'exportation telles que l'avocat ou la papaye doivent être cueillies suffisamment tôt, car le laps de temps qui sépare la cueillette de la consommation est relati-

Conditions optimales pour l'entreposage des fruits

Espèce	**Température (en °C)**	**Humidité (en %)**	**Durée d'entreposage (nombre de jours)**
Pomme d'été	0–1	90	15–60
Pomme d'hiver	1–2	90	120–240
Poire d'été	0–1	90	20–75
Poire d'automne et d'hiver	1–3	90	120–180
Merise	1	85–90	15–30
Cerise	0–1	85	15
Prune	1–2	90	15–40
Pêche et abricot	0–1	85–90	15 au maximum
Cassis et groseille à maquereau	0–1	90	10 au maximum
Framboise	1	85	3
Fraise	1	85	5
Banane (verte)	15–20	80–85	7–15
Figue (fraîche)	6–7	85–90	15
Pamplemousse	7–9	85–90	85
Goyave	8–10	85–90	20
Litchi	8–10	85–90	40–55
Mangue	7–9	85–90	25–40
Mangoustan	4–5	85–90	40–50
Mandarine	2–7	85–90	30–85
Papaye	8–10	80–85	5–15
Fruit de la passion	6–7	80–85	5–15
Ananas (vert)	7–9	85–90	30–40

vement long. D'autres fruits difficilement transportables comme les anones, par exemple, doivent bénéficier d'un entreposage particulier.

Les fruits sont également congelés, séchés et conservés de différentes façons, pour la consommation directe d'une part, pour la préparation de conserves, de sirops, de marmelades, de confitures d'autre part.

LES FRUITS ET LA SANTÉ

Nous avons déjà fait allusion à l'importance des fruits pour la santé de l'homme. Ils contiennent en effet des éléments indispensables à l'organisme.

Les glucides sont le plus souvent représentés dans les fruits sous forme de glucose, de fructose et de saccharose. Dans les fruits mûrs, le glucose et le fructose représentent la totalité des sucres.

Dans les fruits de la zone tempérée, l'acide malique est l'acide le plus courant. Dans certaines variétés de poires, l'acide citrique prédomine, ainsi que dans les petits fruits.

Les tanins sont responsables du goût astringent de certains fruits ; la saveur de ces derniers est déterminée par la proportion de sucres, d'acides et de tanins qu'ils contiennent. Les airelles ainsi que les fruits du cornouiller, de l'alisier et du sorbier sont particulièrement riches en tanins.

Les substances aromatiques déterminent le parfum du fruit. Ces esters d'acides, d'aldéhydes et d'essences sont particulièrement abondants dans la framboise.

Les sels minéraux sont présents dans tous les fruits, mais de façon inégale. Ils jouent un rôle essentiel dans le fonctionnement cellulaire, car ils permettent de maintenir l'équilibre ionique, acido-basique et osmotique de l'organisme humain.

La distribution des vitamines dans les différents fruits est très variable. Leur teneur est déterminée par une multitude de facteurs tels que la variété, les conditions climatiques, la qualité du sol, le degré de maturité, la taille du fruit, la saison, les conditions de culture et d'entreposage, etc. Le cassis et la fraise sont les plus riches en vitamine C ; parmi les fruits exotiques, ce sont la goyave et les agrumes. La teneur en provitamine A (carotène) est la plus forte dans les abricots et les pêches ; parmi les fruits exotiques, dans la mangue et la papaye. Les fruits de l'actinidia, de l'argousier, du cornouiller, du rosier *Rosa vil-*

losa sont également très riches en vitamine C et en provitamine A. C'est la principale raison de leur culture. La forte teneur en vitamines B des noix, des noisettes et des amandes est également très importante pour une alimentation équilibrée, ainsi que la présence des vitamines K et PP (ou B 3).

La teneur en protéines des fruits est très faible. Elle ne dépasse pas 1% dans les petits fruits et 0,4% dans les pommes et les poires. Les matières grasses ne représentent généralement pas plus de 0,5%. Seuls les noix, les noisettes, les pistaches et les amandes en contiennent de 50 à 67%, l'avocat de 5 à 32%.

La valeur énergétique des fruits frais étant très basse, ce sont des alliés précieux dans les régimes amaigrissants ou ceux que l'on prescrit dans le cadre de certaines maladies. La teneur moyenne en eau des fruits est de 70 à 90%.

DESCRIPTIONS ILLUSTRÉES

Feijoa, goyave-ananas Myrtacées

Acca sellowiana Berg. syn. *Feijoa sellowiana* Berg. *Myrtaceae*

Originaire d'Amérique du Sud, le feijoa est un arbuste spontané dans les régions subtropicales du sud du Brésil, du Paraguay, de l'Uruguay et du nord de l'Argentine. Aujourd'hui, on le cultive dans le midi de la France, en Italie, au Portugal, en Espagne, en Afrique du Nord, en Nouvelle-Zélande, aux États-Unis (en Floride et en Californie) et dans la partie méridionale du Caucase qui s'étend au bord de la mer Noire, surtout dans l'Abkhazskaïa. C'est une plante arbustive relativement modeste qui tolère les baisses de température jusqu'à − 10 °C et qui supporte la sécheresse, car elle pousse dans des régions où les précipitations ne dépassent pas 500 à 600 mm pendant la période végétative. Le feijoa s'accommode de n'importe quel sol, à l'exception des substrats calcaires. Il se multiplie par semis, mais compte tenu de son hétérogamie très marquée, les nouveaux individus, de qualité inégale, fructifient généralement peu. C'est pourquoi on utilise généralement des cultivars obtenus par bouturage ou par greffage de sujets appartenant de préférence à la même espèce.

Le fruit contient de 5,1 à 10,5% de glucides, de 1,5 à 3,6% d'acide malique, des vitamines B, des flavines ainsi que de la vitamine C (en même proportion que dans la mandarine). Parmi les autres substances, il convient de citer l'iode (de 2,06 à 3,9 mg par kilo de fruits) et des polyphénols, dans lesquels les substances catéchiques (tanins) prédominent. Les fruits ont également une action biocide, détruisant certains micro-organismes nuisibles à l'homme. On les consomme frais, lorsqu'ils tombent sur le sol, leur maturation achevée. Ils se prêtent à la fabrication de compotes, de gelées, de jus, de liqueurs et de vins. Sucrés, les pétales des fleurs charnus sont délicieux en salade ; ils entrent également dans la préparation de boissons.

2

Le feijoa est un arbuste rameux ou un arbre assez bas (1) dont la hauteur varie entre 2,50 et 6 m. Ses feuilles généralement alternes, d'un vert foncé, sont elliptiques ou obovées, coriaces et entières. L'endroit du limbe est brillant, l'envers, recouvert d'une pilosité blanche, présente une nervation saillante et de nombreuses glandes odorantes.

1

3

Décoratives, les fleurs bisexuées (2) s'ouvrent isolément ou en groupe de 3 à 5 sur les rameaux, à l'aisselle des feuilles. Leurs 4 pétales charnus sont d'un blanc rosé. Elles renferment un grand nombre d'étamines (jusqu'à 120) au filet d'un rouge vif et à l'anthère longue, de même couleur. Le fruit est une baie elliptique ou ovoïde composée de 4 loges. Verte ou gris-vert, elle mesure de 2 à 7 cm et pèse de 35 à 100 g. La peau à l'aspect cireux et givré est souvent rugueuse. La pulpe d'un blanc crémeux ou verdâtre, succulente, est légèrement granuleuse, de consistance gélatineuse. Rafraîchissant, le fruit (3, en coupe) a une saveur un peu acidulée. Il contient un grand nombre de minuscules pépins (de 20 à 50).

Sapotillier, sapotille Sapotacées

Achras sapota L. syn. *Manilkara zapota* L. van Royen *Sapotaceae*

Le sapotillier est originaire des basses terres tropicales du Yucatán, du Guatemala et du bassin de Belize. Son nom est dérivé des Zapotèques, l'un des peuples les plus anciens des Amérindiens du Mexique. Devenu commun dans toutes les régions tropicales, il est surtout planté par les petits cultivateurs. Grâce à sa maturation échelonnée, ses fruits sont disponibles toute l'année sur les marchés locaux. Cueillis avant maturité, ils peuvent être transportés sur des distances assez importantes.

Le sapotillier apprécie le climat chaud et humide des tropiques où la température ne descend jamais à 0 °C. Il demande des précipitations de 1 000 à 2 000 mm distribuées régulièrement sur toute l'année. Peu exigeant en ce qui concerne le sol, il préfère malgré tout les sols légers, argilo-sableux, perméables, légèrement acides ou neutres, bien irrigués. Il compte parmi les plantes qui fructifient de façon satisfaisante, même sur des terres assez pauvres. On le multiplie souvent par semis, bien que les nouvelles plantes soient de qualité relativement inégale. En conséquence, le greffage en écusson semble mieux approprié. Si on opte pour ce mode de multiplication, il faut veiller à débarrasser au préalable le porte-greffe de son latex visqueux. La pulpe des sapotilles contient de 16 à 20% de glucides, 0,4% de protéines, 0,5% de matières grasses, environ 0,2% d'acides organiques et de la vitamine C (de 20 à 30 mg pour 100 g). Sa valeur énergétique est d'environ 60 calories pour 100 g. La sapotille n'est pas considérée comme un fruit tropical de première qualité, mais elle n'en est pas moins appréciée dans un grand nombre de régions. Les fruits débarrassés de leur peau se mangent frais ou entrent dans la préparation de sirops, de confitures et de fruits au sirop. Toute la plante, y compris les fruits verts, est parcourue par un réseau laticifère qui produit un latex blanchâtre. Celui-ci contient 25 % d'une substance semblable à la gutta-percha qu'on obtient par incisions de l'écorce. Appelée *chicle*, elle est utilisée dans la fabrication de chewing-gums.

2

Le sapotillier est un arbre semper virens haut de 5 à 20 m, voire davantage. Ses branches sont implantées assez bas, sa cime globuleuse est touffue. Les feuilles lancéolées ou elliptiques (1), à l'aspect coriace, poussent regroupées à l'extrémité des rameaux. Les jeunes feuilles

1

3

4

tomenteuses deviennent par la suite lisses et brillantes. Les petites fleurs blanches, tomenteuses et retombantes (2), s'ouvrent solitaires à l'aisselle des feuilles. Le sapotillier fleurit toute l'année. Le fruit (3 et 4, en coupe) est une baie globuleuse, ovoïde ou elliptique. Il est protégé par une peau fine, grise, brun orangé ou brune, rugueuse ou lisse. La pulpe, d'un blanc grisâtre, jaunâtre ou ocre, est très sucrée ou fade. Sa consistance granuleuse n'est pas sans rappeler celle d'une poire blette. Elle est souvent visqueuse, car elle contient des résidus de latex. La chair enveloppe de 3 à 7 grosses graines plates, brillantes, de couleur marron.

Actinidia de Chine, kiwi
Actinidia chinensis Planch.

Actinidiacées
Actinidiaceae

L'espèce est spontanée en Chine occidentale et centrale, région qui est également son pays d'origine. Actuellement, le plus important producteur de kiwis est la Nouvelle-Zélande où la production annuelle de ces fruits dépasse 100 000 tonnes ; la plus grande partie de la production est exportée, essentiellement en Grande-Bretagne, en Allemagne et en Autriche. Par ailleurs, on cultive le kiwi aux États-Unis (en Californie), en France, en Espagne et en Italie. On trouve également des plantations moins étendues dans d'autres pays tels que la Géorgie et la Hongrie.

La culture du kiwi nécessite une exposition chaude et ensoleillée, à l'abri cependant du soleil ardent et du vent glacial. Pendant sa période de repos végétatif, l'espèce supporte sans dommage le gel de −15 °C. En cas de gelées plus importantes, il est indispensable de couvrir les plantes. Celles-ci se plaisent sur un humus léger et perméable, acide ou neutre (de pH 5 à 7), suffisamment arrosé et riche en substances nutritives. Elles se multiplient par semis ou par voie végétative. Toutefois, les graines perdent rapidement leur pouvoir germinatif et les fruits des nouveaux individus, issus des semis, sont généralement de moindre qualité. C'est pourquoi il est préférable d'écussonner ou de greffer des sujets d'un an ou deux. On obtient également de nouveaux individus en bouturant des rameaux ligneux ou herbacés prélevés sur un cultivar ou encore par marcottage, en allongeant simplement un rejet annuel dans la terre. On plante les pieds à une distance minimale de 4 m, en prévoyant un pied mâle pour quatre à six pieds femelles. Les fruits sont riches en vitamines B 1, B 2, en provitamine A et surtout en vitamine C (de 120 à 1 600 mg pour 100 g). La teneur en flavines est considérable (100 mg pour 100 g environ). La présence de substances minérales (phosphore, calcium, potassium et fer) donne aux fruits une excellente valeur nutritive. Le kiwi convient particulièrement aux enfants, aux personnes âgées et aux convalescents.

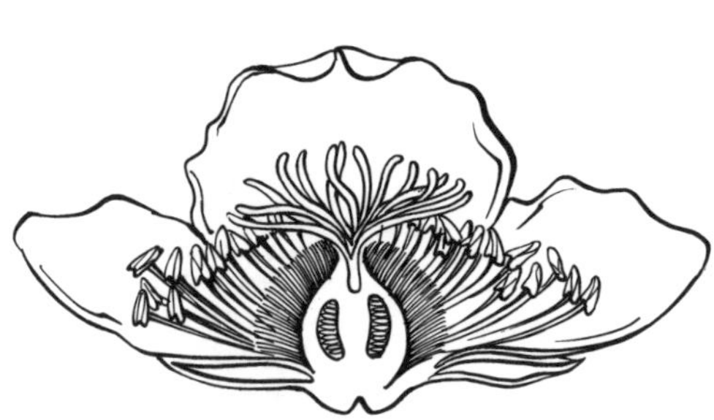

2

1

3

4

Cette liane sarmenteuse, grimpante, atteint 8 m de long. Les rameaux d'un an sont couverts d'un dense duvet roux qui s'étend également sur le revers des feuilles alternes, longuement pétiolées (1). L'espèce est dioïque, exceptionnellement monoïque et hermaphrodite. L'expérience prouve, cependant, que l'apport de pollen extérieur est toujours profitable. Les fleurs femelles (2) d'un blanc jaunâtre s'ouvrent le plus souvent isolément à l'aisselle des feuilles. Décoratives, elles mesurent de 3 à 4 cm et présentent un ovaire proéminent caractéristique. Plus menues, les fleurs mâles d'un blanc crémeux sont disposées en courtes cymes à l'aisselle des feuilles. Le fruit (3) est une baie ovale ou elliptique de 5 à 9 cm de long qui pèse 80 g environ. Son fin épicarpe est recouvert d'une pilosité rousse, sa pulpe verdâtre ou verte, juteuse et acidulée, est délicieuse au goût (4, fruit en coupe). Les innombrables petits pépins ne nuisent pas à la saveur du fruit.

Actinidia

Actinidiacées

Actinidia kolomikta Maxim., *A. arguta* Planch.

Actinidiaceae

Parmi les quelque trente espèce qui composent le genre *Actinidia* L., les deux espèces évoquées se montrent relativement plus résistantes aux conditions climatiques défavorables (surtout aux températures basses). C'est pourquoi on a commencé à sélectionner leurs cultivars dès le XIXe siècle ; à cette époque on récoltait déjà depuis longtemps leurs fruits sauvages pour en faire des conserves. Ces deux espèces sont spontanées dans le bassin de l'Amour, sur l'île de Sakhaline, les îles Kouriles et dans le nord-est de la Chine.

Dans sa patrie, *A. arguta* est une liane robuste dont le diamètre peut dépasser 10 cm. Elle s'enroule autour des arbres et forme une couverture dense dans les lieux déboisés. De taille plus modeste, *A. kolomikta* présente des tiges plus frêles. Les deux espèces sont hermaphrodites, monoïques ou dioïques. Leurs fruits sont des baies vertes dont la pulpe tendre et juteuse, très sucrée, contient de 65 à 75% d'eau. Ils sont riches en acides, en carotène, en vitamines B et en vitamine C (700 mg pour 100 g en moyenne). On consomme les fruits frais ou cuits. Ils se prêtent à la fabrication d'un vin semblable au mousseux. On cultive ces deux actinidias sur des terrains semi-ombragés, à l'abri du vent et de préférence sur un sol léger, semi-perméable et neutre. Ils se multiplient parfaitement par boutures ligneuses et semi-ligneuses ou encore par marcottage. On plante les pieds à une distance de 3 m, en prévoyant un pied mâle pour cinq ou six pieds femelles.

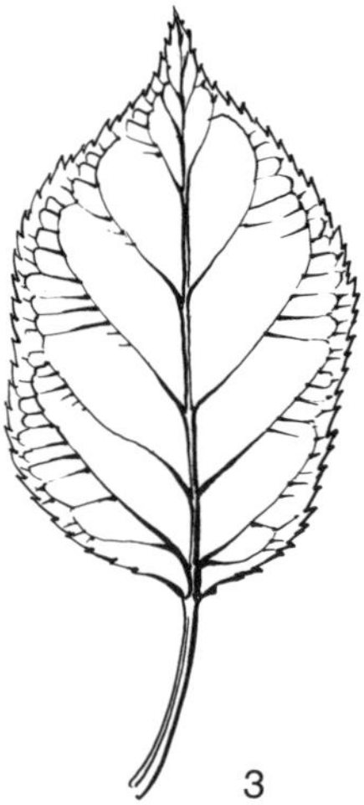

3

Les cultivars des deux actinidias sont des lianes sarmenteuses le plus souvent dioïques, qui s'enroulent de droite à gauche, atteignant 3 m de long environ. Elles se ramifient à une hauteur de 50 cm à 1 m au-dessus du sol. L'écorce des sarments est brune alors que les rameaux d'un an sont marron clair ou jaunâtres, avec une teinte orangée. Les feuilles cordiformes ou ovales présentent un bord finement denté. Elles sont vert pâle, rouge sombre à la base. Au cours de l'été, surtout sur les pieds femelles, elles se teintent de rouge pour conserver cette couleur jusqu'en automne. La fleur pentamère mesure 15 mm de diamètre. Les fleurs des cultivars présentent des filets d'étamines

1

2

atrophiés en plus du pistil. Chez les individus mâles, 2 ou 3 fleurs s'ouvrent à l'aisselle des feuilles. Elles présentent de longues étamines aux anthères jaunes bien apparentes. Les fruits de *A. kolomikta* (1 et 2, en coupe) sont ovales, finement côtelés, d'un vert pâle. Ils pèsent de 2 à 3,2 g et mesurent de 17 à 24 mm de long. *A. arguta* (3) présente des fruits largement ovales ou elliptiques, côtelés. D'un vert plus soutenu, ils sont plus courts et plus larges que ceux de l'espèce précédente. On récolte les fruits de trois à sept jours avant la maturité, car une fois mûrs, ils tombent rapidement sur le sol.

Amandier commun, amande Rosacées
Amygdalus communis *Rosaceae*

On manque de données exactes sur l'origine de l'amandier commun, mais d'après les plus anciens vestiges datant de l'époque des Assyriens et de la Perse ancienne qui attestent l'existence de sa culture, on suppose qu'il provient de l'Asie occidentale. Bien avant notre ère, on cultivait déjà l'amandier en Chine. Au Ve siècle après J.-C., sa culture s'est répandue en Grèce d'où elle a été reprise par les Romains. Les amandaies les plus étendues se trouvent en Europe méridionale, surtout dans le midi de la France et en Italie, mais aussi en Espagne et au Portugal. L'amandier prospère sur des terrains ensoleillés, légèrement en pente, au sol chaud, plutôt léger. Il s'accommode parfaitement d'une terre assez pauvre, croissant et fructifiant bien sur des sols riches en calcaire ou sur des terrains résultant de l'érosion de cette roche. Les amandiers se cantonnent dans les meilleures régions agricoles. Nombreux sont les arboriculteurs qui plantent un amandier dans leur jardin, en guise de curiosité dendrologique sans espérer une fructification abondante ou des récoltes régulières.

Le fruit est une amande, graine renfermée dans un noyau ligneux ou coque. L'amande contient des sucres, des protéines et de l'huile (jusqu'à 50%). Elle est très employée en cuisine et en pâtisserie, mais aussi dans l'industrie agro-alimentaire et pharmaceutique. Avant de les utiliser, on plonge les amandes dans l'eau bouillante pour les débarrasser de leurs téguments bruns. Les amandes grillées et salées sont une friandise très appréciée. Les amandes grillées se prêtent également à la préparation du chocolat et des gâteaux. L'amande fournit une huile très fine, appelée huile d'amande douce, qui entre dans la composition de produits pharmaceutiques et de cosmétiques.

4

5

L'amandier est un arbre qui atteint, à l'état sauvage, de 3 à 6 m de haut. C'est à partir de la plante spontanée qu'on a sélectionné des cultivars. Ceux-ci présentent une cime largement pyramidale aux rameaux étalés caractéristiques. Les feuilles lancéolées, pointues et lisses (1) possèdent des pétioles plus longs que ceux des feuilles de pêcher.

3

1

2

Elles sont d'un vert sombre, aux reflets métalliques. Les fleurs assez grandes (2) aux pédoncules courts apparaissent avant les feuilles. La taille du fruit (3) varie selon la variété. L'amande (5) loge dans un noyau (4). On distingue les amandes douces (var. *dulcis*) et les amandes amères (var. *amara*). La basse tige est la forme qui convient le mieux à la culture. Dans les régions chaudes, on plante les amandiers dans les jardins en respectant les distances de 4x5 m. Les amandes amères sont toxiques à forte dose.

Anacardier, noix de cajou — Anacardiacées

Anacardium occidentale L. — *Anacardiaceae*

Espèce endémique dans les régions tropicales du Brésil et en Amazonie, l'anacardier a été introduit par l'homme dans les autres pays d'Amérique tropicale, dans le sud et le sud-est de l'Asie, en Afrique et en Océanie. Le premier producteur de noix de cajou est l'Inde, loin devant le Mozambique, la Tanzanie, le Brésil et le Kenya. Le fruit possède un akène savoureux blanchâtre qui contient 19,6 % de protéines, 46,2 % de graisses végétales, 26,4 % de glucides, 1 % de fibres et 2,7 % de sels minéraux. On consomme les noix de cajou grillées ou salées pour accompagner l'apéritif ou encore moulues, dans les bonbons et les chocolats. On en extrait une huile utilisée dans l'industrie alimentaire. Le péricarpe de la noix contient de 30 à 35 % d'une substance huileuse appelée cardol, aux vertus antiseptiques, qui entre dans la fabrication de produits insecticides et désinfectants, mais aussi de liants, de laques très résistantes, de matériaux isolants, de matières plastiques, etc. Le cardol attaque gravement l'épiderme.

Très parfumée, la pomme-cajou possède une peau délicate qui passe du jaune pâle au rouge orangé. Sa pulpe fine et juteuse, jaune pâle, est très rafraîchissante, aigrelette et aromatique. Elle contient 0,8 % de protéines, 0,6 % de matières grasses, 11,2 % de glucides, 0,8 % de fibres, 0,4 % de sels minéraux. Elle est surtout appréciée pour sa teneur en vitamine C (de 190 à 240 mg pour 100 g) et en vitamine B 2 dont la teneur est trois ou quatre fois plus élevée que celle de l'orange. On utilise la chair de la pomme-cajou pour la préparation de jus, de sirops, de boissons alcoolisées, de marmelades et de marinades. Mélangé au vitriol vert, le jus des pommes encore vertes donne un pigment noir indélébile. L'arbre fournit un bois dur précieux appelé acajou blanc qui résiste aux termites. La gomme jaunâtre qui sourd de l'écorce connaît la même utilisation que la gomme arabique. L'extrait de feuilles entre dans la composition des pâtes dentifrices.

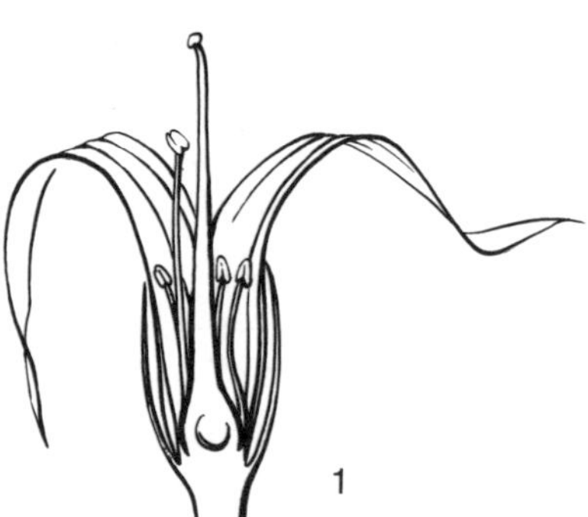

1

L'anacardier est un arbre semper virens, haut de 7 à 18 m, à tige et branches grisâtres. Il porte des feuilles alternes, elliptiques ou obovées, entières, terminées en pointe ou par une faible échancrure. Le pétiole court est renflé à la base. Odorantes, les petites fleurs campanulées, vert-jaune ou rosées (1, en coupe) s'épanouissent en grappes terminales. Elles sont bisexuées ou mâles. La fleur bisexuée possède généralement 10 étamines dont

2

une est plus grande que les autres. L'ovaire supère de forme ovoïde s'achève par un long style. La fleur mâle ne présente que des étamines. Seules une ou deux fleurs de la grappe se transforment en fruits (2). Il s'agit d'un akène réniforme (noix de cajou), protégé par un péricarpe épais brun-vert, coriace ou ligneux. Au fur et à mesure que le fruit se développe, le pédoncule et le réceptacle se transforment en faux fruit piriforme, appelé pomme-cajou.

Ananas

Ananas comosus (L.) Merr.

Broméliacées
Bromeliaceae

Originaire d'Amérique centrale et d'Amérique du Sud, l'ananas pousse aujourd'hui encore spontanément sur la côte sablonneuse du Mexique, du Costa Rica et du Brésil. L'ananas s'est répandu dans les autres régions tropicales, principalement en Asie du Sud, en Afrique et en Australie. Les îles Hawaii, la Malaisie, le Brésil, l'Inde, les États-Unis figurent parmi les principaux producteurs mondiaux de ce fruit. Extrêmement exigeant en matière de température et d'humidité de l'air, l'ananas compte parmi les espèces des régions équatoriales soumises au régime des moussons ou tropicales océaniques. L'ananas prospère sur les sols légers riches en humus, faiblement acides, riches en matières nutritives. Il se multiplie par rosettes qui se forment sur les différentes parties de la plante mère.

La composition chimique et la valeur nutritive du syncarpe varient en fonction de la variété et des conditions de sa culture. Il contient, en moyenne, 85,8% d'eau, 0,4% de protéines, 0,1% de matières grasses, 11,6% de glucides, 0,5% de fibres et 0,4% de sels minéraux. Parmi les vitamines présentes, figurent la provitamine A (0,06 mg pour 100 g), la vitamine B 1 (0,08 mg pour 100 g) et la vitamine C (29 mg pour 100 g). La valeur énergétique de l'ananas frais est de 51 calories pour 100 g. On le consomme frais, mais aussi confit, séché, congelé ou conservé au sirop. Il se prête également à la fabrication de confitures, de gelées, de marmelades, de limonades, de sirops, de chutneys, etc. On fait fermenter le jus pour préparer des boissons alcoolisées, surtout du vin et des liqueurs. Dans certains pays, on extrait de l'ananas un enzyme protéolytique, la bromaline, ferment proche de la pepsine et de la papaïne. Les feuilles contiennent 8% d'une fibre, une sorte de soie végétale, qui entre dans la composition de fils très fins et de tissus.

4

Plante herbacée semi-pérenne, l'ananas mesure 1,50 m de haut. Ses feuilles succulentes, disposées en rosette, sont épineuses et terminées par une pointe acérée. Au milieu de ce bouquet de feuilles apparaît une courte tige qui porte une inflorescence semblable à une pomme de pin. Les menues fleurs (1, en coupe longitudinale), soutenues par des bractées rigides, sont disposées en spirale serrée.

Elles se composent de 3 sépales libres et de 3 pétales bleutés qui se teintent d'écarlate avec le temps. Bisexuées, elles comportent 6 étamines et un pistil qui se compose de 3 carpelles, d'un style et d'un stigmate triangulaire. Après la fécondation, le pédoncule principal de l'inflorescence grossit, et chaque fleur se transforme en baie (2). La concrescence des différentes baies avec les bractées charnues transforme l'inflorescence en un fruit ovale caractéristique (3), couronné d'un panache de feuilles (4, en coupe transversale).

3

1

2

Cent vingt espèces appartenant au genre *Annona* poussent spontanément dans les régions tropicales de l'Amérique et, en partie, dans celles d'Asie et d'Afrique. On cultive un grand nombre d'anones pour leurs fruits, d'autres fournissent un bois précieux ou des alcaloïdes. Leurs exigences concernant leur environnement, surtout la chaleur et la qualité du sol, dépendent de leur origine. La chérimole, originaire des régions subtropicales, est la plus modeste ; les autres espèces, tropicales, se montrent plus exigeantes. Les anones s'accommodent de toutes sortes de sols, préférant toutefois des terres légères, même si elles sont caillouteuses et sèches, de préférence neutres ou faiblement acides. On multiplie les anones par semis ou par voie végétative. Actuellement, on abandonne toutefois de plus en plus la multiplication par semis, car la nouvelle génération, de qualité inégale, ne reproduit pas les propriétés de la plante mère. On opte plutôt pour le greffage, éventuellement le bouturage ou le marcottage aérien. La mise à fruit des jeunes plantes issues du semis survient au bout de quatre à cinq ans, celle des plantes obtenues végétativement un ou deux ans plus tôt.

Les syncarpes des anones sont considérés comme des fruits de choix. Ils contiennent de 1,7 à 1,9% de protéines, de 14 à 21,5% de glucides, de 0,5 à 0,8% de matières grasses, de 2 à 3,4% de fibres, 1% d'acides et de 0,7 à 2,1% de sels minéraux. Parmi les vitamines, on trouve des traces de provitamine A et de la vitamine C (environ 20 mg pour 100 g) ; la valeur énergétique de la pulpe approche de 96 calories pour 100 g. La chair entre dans la préparation de boissons et de glaces, de gelées, de confitures, de jus et d'alcools. Le jus de fruits aromatise le vin, éventuellement le lait ou la glace. Le plus souvent, cependant, dans les régions de culture, on consomme les fruits frais car ils s'abîment rapidement pendant le transport.

Semper virens ou à feuillage caduc, les arbrisseaux ou les arbustes à la tige basse et aux rameaux étalés présentent des feuilles entières, alternes. Les fleurs (1), souvent discrètes, apparaissent à l'aisselle des feuilles. La floraison achevée, chaque ovaire se transforme en une vessie succulente renfermant une graine et dont la concrescence forme un syncarpe (2), semblable à une grosse fraise. La pulpe contient de nombreuses graines plates, ovales ou oblongues, brunes ou noires.

2

La chérimole *(Annona cherimola)* est originaire des Andes et des régions septentrionales de l'Amérique du Sud. On la cultive aujourd'hui dans les montagnes des régions tropicales ou subtropicales. Probablement originaire des Antilles, le corossol épineux *(A. muricata)* pousse actuellement dans toute la zone tropicale, comme la pomme-cannelle *(A. squamosa)*. Parmi les autres espèces moins importantes, citons le corossol cœur-de-bœuf *(A. reticulata)* ou le corossol bâtard *(A. montana)*.

Alisier, alise Rosacées
Aronia melanocarpa (Michx.) Elliot.
syn. *Sorbus melanocarpa* Wild. *Rosaceae*

Cet alisier originaire d'Amérique du Nord compte parmi les arbres fruitiers cultivés depuis peu, souvent encore méconnus. Peu exigeant en matière de sols, il fructifie bien et donne, à l'instar des autres espèces, des fruits d'excellente qualité sur des sols riches en humus et en matières nutritives. Il supporte des températures assez basses, prospérant à des altitudes relativement élevées et dans les régions humides. Toutefois, des terrains détrempés et situés à l'ombre ne conviennent pas à sa culture, car il a besoin de lumière. On le considère à juste titre comme une espèce très rentable, car il fructifie bien et régulièrement, résiste aux maladies et aux insectes nuisibles.

Ses fruits d'une grande valeur nutritive acquièrent à la maturité un goût agréable, légèrement acidulé, de sorte qu'on peut les manger frais. Le plus souvent, cependant, on en fait des jus et, mélangés à d'autres fruits, des compotes et des confitures. Les alises sèches sont utilisées en tisanes et dans l'industrie pharmaceutique. Elles contiennent de la rutine (substance qu'on appelait autrefois vitamine P et qui entre précisément dans la composition des médicaments), des vitamines B et du carotène. Elles se conservent longtemps dans un local frais et sec sans que leur qualité en pâtisse. La cime de l'arbre ou de l'arbuste étant petite et ramassée, *Aronia melanocarpa* se prête à la culture dans les petits jardins. Pendant toute sa période végétative, c'est une essence ligneuse très décorative. Il convient de protéger les fruits mûrissants contre les oiseaux par des filets.

2

Aronia melanocarpa (1) est un arbuste assez bas atteignant 2 m de haut. Il possède des feuilles entières simples, vert foncé et brillantes qui se teintent de brun-rouge ou de rouge carmin vers la fin de l'été. L'inflorescence, une cyme de 50 à 60 mm de diamètre, se compose de petites fleurs (2) aux pétales blanchâtres et aux anthères rouges. Les fruits (3, en coupe) mûrissent à la fin du mois d'août et au début de septembre. Noirs, recouverts

3

d'une légère pruine, ils mesurent de 8 à 12 mm de diamètre et pèsent de 1 à 1,5 g. Une grappe compte généralement de 15 à 20 fruits. L'espèce se multiplie le plus souvent par voie végétative. On la cultive sous la forme d'un arbuste obtenu par bouturage ou d'un arbrisseau en le greffant sur le sorbier des oiseleurs *(Sorbus aucuparia)*. Chez les deux formes, la mise à fruits s'effectue trois ans après la plantation et l'alisier produit pendant une vingtaine d'années.

Carambolier, carambole Oxalidées

Averrhoa carambola L. *Oxalidaceae*

Vraisemblablement originaire des Moluques, le carambolier est aujourd'hui principalement répandu dans les pays du Sud-Est asiatique, mais également dans d'autres régions tropicales. Plante caractéristique du climat équatorial, le carambolier prospère bien sur les terres basses, chaudes et abritées. La température idéale pour sa culture varie entre 25 et 30 °C. Très sensible au froid, le carambolier ne pousse pas au-delà de 300 m d'altitude. Sans exigences particulières en matière de sol, il préfère malgré tout la terre perméable, légèrement acide. Sur les sols trop calcaires, il peut souffrir de l'absence de certains micro-éléments. Le carambolier se reproduit par semis, mais les fruits issus de la nouvelle génération se révèlent de moindre qualité. Pour cette raison, il est préférable de le multiplier par greffage en fente ou en écusson sur des sujets appartenant à la même espèce. Les arbres fleurissent plusieurs fois par an, de sorte que les fleurs apparaissent en même temps que les fruits aux différents stades de maturation. Seules deux ou trois fleurs de l'inflorescence parviennent à se transformer en fruits. Trop mûrs, ceux-ci tombent sur le sol et s'abîment, mais cueillis au moment propice, ils supportent très bien le transport.

Il existe d'innombrables formes et variétés de carambolier qui se différencient par le goût des fruits (sucré ou acide), mais aussi par leur taille. On consomme les caramboles fraîches ou en salades de fruits. Elles entrent dans la préparation de confitures, de fruits au sirop, de jus, de vin et de fruits confits. Les caramboles vertes, accommodées comme des légumes, accompagnent la viande. On les conserve dans du vinaigre ou on les fait fermenter dans du lait. La carambole mûre contient environ 35 mg de vitamine C pour 100 g. Sa valeur énergétique est de 42 calories pour 100 g. La médecine locale utilise les feuilles et les fleurs de la plante, qui est également très décorative.

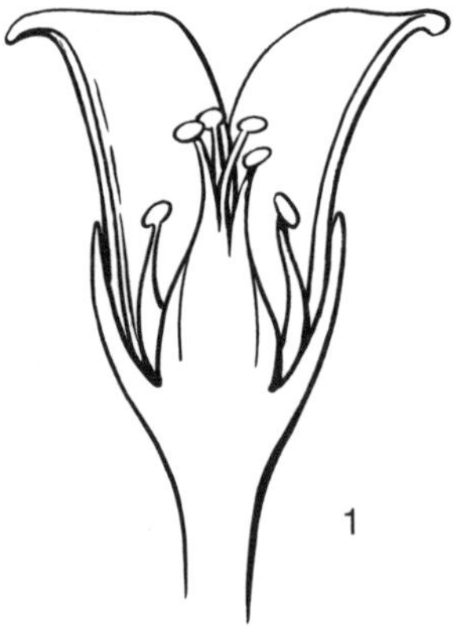

1

Cet arbre à cime irrégulière et fortement ramifiée s'élève jusqu'à 9 m de haut. Il possède des panaches de feuilles imparipennées qui se composent de 9 à 11 folioles généralement alternes, ovales et allongées, terminées en pointe. Les jeunes feuilles couleur bronze et rouges deviennent vertes ou vert-jaune avec l'âge. Les petites fleurs rouges (1, en coupe)

2

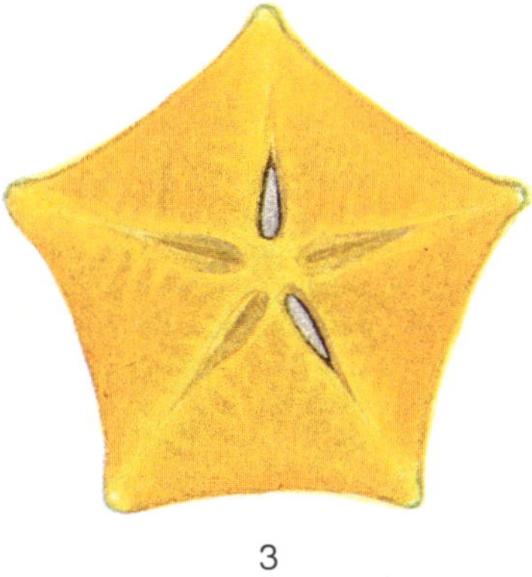

3

forment des inflorescences peu fournies qui s'épanouissent à l'aisselle des feuilles. Les pétales sont bordés de blanc ou de jaune pâle. Les 10 étamines sont soudées à la base, 5 d'entre elles seulement étant fertiles. Le pistil comporte un ovaire supère et 5 styles terminés par autant de stigmates. Le fruit (2) est une baie ovale à 4 ou 5 côtes saillantes. Sa peau très fine et ferme est brillante, jaune ou jaune orangé. La pulpe fragile et craquante est juteuse, au goût variable. Chaque loge abrite 2 graines plates et ovales, marron clair et brillantes (3, en coupe).

Papayer, papaye Caricacées
Carica papaya L. *Caricaceae*

Originaire du sud du Mexique et du Guatemala, le papayer est cultivé dans toutes les régions tropicales du monde. Le Brésil, l'Inde, l'Indonésie, le Zaïre et les Philippines figurent parmi les plus gros producteurs de papayes. Le papayer a besoin de températures élevées (idéalement de 25 à 30 °C) et d'un sol bien humide. Il pousse cependant sur tous les types de sols, à condition qu'ils soient perméables et suffisamment irrigués. Dans la pratique, il se multiplie par graines, obtenues par fécondation contrôlée. La pulpe représente de 60 à 80% de la masse totale du fruit, le reste étant constitué par la peau et les graines. Dans les fruits mûrs, les glucides prédominent (de 7 à 11%), les protéines ne représentant que 1% et les acides organiques que 0,5% de leur composition totale. La teneur en vitamine C (de 46 à 96 mg pour 100 g) est très forte, ainsi que la teneur en provitamine A. Ce sont précisément les caroténoïdes qui sont responsables de la coloration orange de la pulpe. On consomme les papayes fraîches, en dessert. Elles sont servies, selon la coutume locale, salées et poivrées, saupoudrées de sucre et parfumées avec un alcool, éventuellement avec du jus de citron. Elles se prêtent également à la préparation de salades de fruits, de limonades, de glaces, de confitures, de compotes et de fruits confits.

Un latex blanc se diffuse dans toute la plante qui, blessée, laisse échapper un liquide blanchâtre, riche en enzyme protéolytique, la papaïne. Cet enzyme est utilisé dans l'industrie pharmaceutique, dans la production de cosmétiques et l'industrie alimentaire. On obtient le latex en entaillant des fruits verts, car au fil de la maturation, la teneur en papaïne baisse jusqu'à disparaître totalement des papayes mûres. On entaille les papayes avec un petit couteau non métallique, à intervalles de cinq à dix jours, en effectuant trois ou quatre incisions superficielles longitudinales. Le latex recueilli dans les coupelles disposées à cet effet sous le fruit est ensuite séché le plus rapidement possible à une température de 50 °C environ.

2

Le papayer atteint de 3 à 10 m. Par son allure, il rappelle un palmier, car son tronc dénudé se termine par un bouquet de feuilles digitées, longuement pétiolées (1). Le papayer est généralement dioïque, mais on trouve des formes aux fleurs hermaphrodites. Les fleurs mâles (2) sont regroupées en inflorescences qui retombent en grappes abondantes. Les fleurs femelles (3), plus grandes, s'ouvrent solitaires sur des pédoncules très courts. Le fruit (4) est une baie creuse, de taille et de forme

3

5 4

1

variables, qui rappelle une courge ou un melon. La papaye pèse de 500 g à 2 kg, mais peut atteindre exceptionnellement le poids de 10 kg. Sa peau ferme est généralement vert-jaune, jaune ou rouge orangé. La couleur de la pulpe, épaisse de 50 mm, varie du jaune au rouge soutenu. Une multitude de graines marron foncé ou noires, logées dans une substance gélatineuse, adhèrent à la paroi interne de la pulpe (5, fruit en coupe).

Châtaignier, châtaigne — Fagacées
Castanea sativa — *Fagaceae*

Les principaux centres de culture du châtaignier se trouvent dans les régions méridionales de l'Europe au climat très doux. On le cultive surtout en France, en Italie, mais aussi en Hongrie. C'est un arbre à cime sphérique ou pyramidale qui peut atteindre 30 m de haut et une longévité de cinq cents ans. Les feuilles alternes et elliptiques sont d'un vert très foncé, coriaces, au bord denticulé. Le bois, riche en tanin, résiste bien à la putréfaction. Le fruit du châtaignier est une amande, la châtaigne, contenue par trois dans une enveloppe épineuse appelée bogue. La pollinisation des fleurs est assurée par le vent. Selon leur taille, on distingue les châtaignes (de 5 à 12 g) et les marrons (de 12 à 20 g) ; 100 g de fruits contiennent de 6 à 8 g de protéines, 4 g de matières grasses, de 30 à 40 g de glucides, de la vitamine C (40 mg) et de la vitamine B 1 (15 mg). On consomme les marrons secs, cuits à l'eau ou grillés. La crème de marrons est utilisée en pâtisserie, la purée farcit traditionnellement la dinde de Noël.

Le châtaignier préfère les endroits chauds et les terrains dégagés, légèrement en pente. Il a besoin d'un sol suffisamment profond et humide, prospérant également sur les hauts plateaux couverts de lœss où les gels hivernaux, les gelées occasionnelles de printemps et d'automne ne l'atteignent pas. Les pays viticoles conviennent parfaitement à sa culture. On l'utilise également comme arbre ornemental. Depuis quelques années, on a sélectionné des variétés de châtaignier d'excellente qualité qu'on multiplie par greffage ; dans le passé, on le multipliait par semis, après avoir stratifié à cet effet les châtaignes à maturité.

2

Le châtaignier (1) adulte est un arbre majestueux qui s'élève à 20 m de haut et dont la cime atteint 12 m de diamètre. De longueur moyenne, les rameaux d'un an sont gris-vert, aux nombreuses lenticelles claires. Les grandes feuilles ovales sont alternes, coriaces, vert foncé. Le bord du limbe est denticulé, les dents se terminant par une épine. Les fleurs mâles sont disposées en chatons dressés. Les fleurs femelles apparaissent isolément ou par

1

trois, à la base des chatons. Les fruits (2) sont gros, globuleux ou oblongs, marron foncé. Lorsque la bogue laisse échapper le fruit, on voit apparaître le hile blanc, au dessin caractéristique. Sous le péricarpe, l'amande est d'un blanc laiteux.
À maturité, elle s'épluche facilement. Dans le passé, on plantait le plus souvent les arbrisseaux issus des semis.

Caroubier, caroube Césalpiniacées

Ceratonia siliqua L. *Caesalpiniaceae*

Le caroubier est vraisemblablement originaire de Syrie ; il doit son appellation biblique de « pain de saint Jean » à saint Jean-Baptiste qui s'en serait nourri dans le désert. Le caroubier s'est ensuite disséminé dans le pourtour méditerranéen, principalement en Grèce, en Turquie, en Égypte, en Palestine, à Chypre, en Crète, puis en Sicile, en Espagne, au Portugal, au Maroc et en Algérie. En été, il nécessite des températures élevées ; en hiver, il ne supporte sans dommage que de faibles gelées (−5 °C) de courte durée. En revanche, il tolère bien la sécheresse et des sols pauvres et pierreux. Il se multiplie bien par semis, mais les nouveaux individus fructifient tard et leur production est de qualité inégale. Dans la pratique, on opte donc pour le greffage ou la multiplication par boutures ligneuses. On récolte les gousses encore vertes et on les fait sécher. Le séchage provoque une fermentation qui améliore la qualité de la pulpe. À l'issue de ce traitement, elle contient jusqu'à 50% de sucres, 35% d'amidon, 2% de protéines, 9% de fibres et de 10 à 12% d'eau. L'acide butyrique contenu dans la caroube (1%) lui donne son arôme et son goût caractéristiques.

On consomme les gousses fraîches ou on les presse pour en extraire un sirop qu'on utilise pour sucrer les aliments. Elles permettent d'obtenir d'excellents vins et alcools ; en Espagne, on en fait une liqueur digestive appelée Palo. Les gousses débarrassées des graines, grillées puis moulues, donnent une farine rappelant la poudre de cacao ; on l'utilise en pâtisserie, en confiserie, pour la préparation de boissons, de cocktails et la fabrication d'une gomme appelée « locust gom » ou « carob gom » ; cette dernière entre dans la composition de gélifiants alimentaires et d'une colle destinée à l'industrie textile, à l'industrie du papier et du cuir.

4

2

Le caroubier est un arbre semper virens au tronc droit et à la cime étalée atteignant 12 m de haut. Les feuilles paripennées rougeâtres (1) verdissent au fil du temps. Les folioles coriaces (de 2 à 4 paires) sont ovées ou elliptiques, entières. Le caroubier est généralement dioïque (2, 3), mais on trouve fréquemment des fleurs hermaphrodites (4). Rose foncé, elles s'épanouissent en grappes sur les rameaux de l'année précédente, parfois même sur les vieilles branches ou la tige (cauliflorie). La caroube (5) est une gousse marron foncé, indéhiscente, aux parois épaisses,

3

1

5

6

qui atteint à maturité 30 cm. Droite ou légèrement incurvée, elle présente des sutures épaisses. La gousse recèle une pulpe sucrée (6) couleur cannelle, de consistance ferme, ainsi que 3 à 10 graines dures, plates et brillantes qui pèsent invariablement 0,2 g et que les apothicaires et les orfèvres utilisaient autrefois en guise de poids (équivalent d'un carat).

Caïmitier, caïmite Sapotacées
Chrysophyllum cainito L. *Sapotaceae*

Le caïmitier est originaire d'Amérique centrale et des Antilles où aujourd'hui encore il pousse spontanément par endroits. On le cultive dans les régions tropicales du monde entier, mais plutôt localement et dans les jardins que dans les plantations. Le caïmitier est donc l'arbre caractéristique des tropiques qui nécessite de la chaleur et un bon ensoleillement. Il n'a pas d'exigences particulières en ce qui concerne le sol, préférant toutefois des sols perméables et bien irrigués, bien qu'il puisse supporter sans dommage une sécheresse de courte durée. On le multiplie par semis, mais les cultivars de qualité sont reproduits par greffe en écusson sur un sujet appartenant à la même espèce. Les tentatives de bouturage ont été décevantes. Le latex contenu dans la peau des fruits ne disparaît que lorsque ces derniers parviennent à maturité. Toutefois, les fruits trop mûrs de certaines variétés tombent facilement sur le sol. Pendant la période sèche de l'année, la peau des fruits encore sur l'arbre se dessèche, ce qui facilite leur conservation. La pulpe représente 67% de la masse totale du fruit. Elle contient 0,85% de protéines, 0,4% de matières grasses et 9% de glucides, sa valeur énergétique étant de 53 calories pour 100 g.

On mange les caïmites fraîches comme fruits de table lorsqu'elles sont bien mûres. Toutefois, on ne les considère généralement pas comme des fruits de première qualité à cause du latex qui colle désagréablement aux dents et aux lèvres. Les fruits à peau verdâtre ou jaune pâle sont alors préférables aux fruits pourpres. On utilise le bois solide, dur et lourd des arbres dans l'industrie du meuble et pour le lambrissage. *Chrysophyllum africanum,* espèce d'Afrique occidentale tropicale, se distingue par ses fruits à la pulpe acidulée au goût très agréable. Les graines contiennent une huile qu'on utilise dans la fabrication de savons. Le bois de ces arbres est également de très bonne qualité.

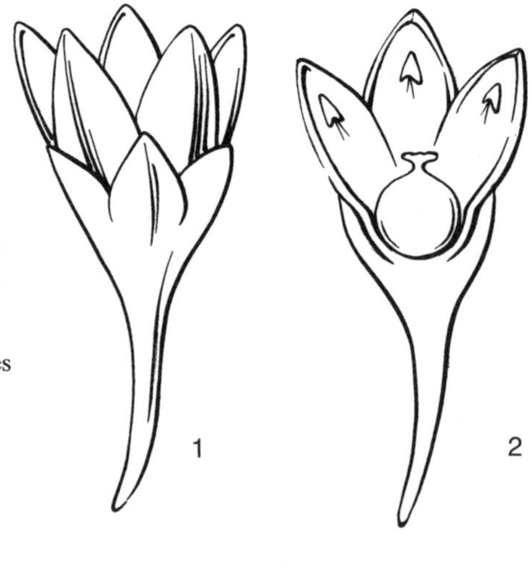

Le caïmitier est un arbre semper virens de 10 à 15 m de haut dont les rameaux d'un an et la face interne des feuilles sont recouverts d'un fin duvet roux soyeux. Ses feuilles alternes sont largement elliptiques, pointues, vert foncé, voire bleutées et brillantes sur le dessus. Les petites fleurs bisexuées (1 et 2, en coupe) ont des pétales blanchâtres et des sépales tomenteux brun-roux. Elles apparaissent solitaires ou groupées en inflorescences peu fournies, à l'aisselle des feuilles. Le fruit (3) est une baie globuleuse, ferme, lisse et glabre qui, parvenue à maturité, devient verdâtre, jaune pâle ou pourpre. La chair verdâtre, rosée ou violacée, a une consistance charnue, voire gélatineuse, visqueuse, d'un goût agréable. La coupe transversale (4) révèle de 7 à 10 quartiers disposés en étoile qui sont à l'origine du nom anglais de ce fruit *(star apple)*. Chaque quartier renferme généralement une graine brun-noir, brillante, aplatie latéralement. Le fruit de *Chrysophyllum africanum* est couleur abricot.

3

4

Citrus, agrumes Rutacées
Citrus L. *Rutaceae*

Spécifiquement riche, le genre *Citrus* compte quelque cent soixante espèces qui proviennent toutes d'Asie à l'exception du pomelo, originaire d'Amérique centrale. La région méditerranéenne est l'aire de distribution secondaire des agrumes qui y ont trouvé des conditions idéales pour leur croissance et leur développement. Pour cette raison, la plupart des pays méditerranéens appartiennent aux grands producteurs d'agrumes, qui comptent parmi les fruits les plus importants à l'échelle mondiale. Les espèces appartenant au genre *Citrus* sont des plantes tropicales et subtropicales caractéristiques. Elles nécessitent beaucoup de lumière, une bonne humidité du sol et de l'air. Dans leur écosystème naturel, elles n'ont pas d'exigences particulières en ce qui concerne le sol, aussi les cultive-t-on même sur les terres où les couches aquifères affleurent ou sur les sols légèrement salés. Seule la présence de calcaire et de chlore est indésirable.

Les agrumes, très diététiques, sont un élément irremplaçable du régime alimentaire, en particulier à cause de leur teneur en vitamines : provitamine A (de 0,07 à 0,12 mg pour 100 g), vitamines B 1 (de 0,04 à 0,09 mg pour 100 g), B 2 (de 0,01 à 0,03 mg pour 100 g), B 12 (de 0,1 à 0,2 mg pour 100 g) et C (de 45 à 55 mg pour 100 g) et de leur richesse en flavines (de 300 à 550 mg pour 100 g). Outre ces substances essentielles, les agrumes contiennent de la pectine (de 20 à 40%), présente dans le mésocarpe. Très rafraîchissants, ils sont consommés frais, en jus, en marmelades et en gelées. On peut les conserver en sirop, dans du sucre, séchés, congelés, etc. On en extrait une essence utilisée dans plusieurs secteurs industriels, surtout dans la fabrication des cosmétiques et dans l'industrie alimentaire. Les plantes ont des vertus curatives et sont appréciées par des apiculteurs. Leur aspect décoratif n'est pas non plus négligeable.

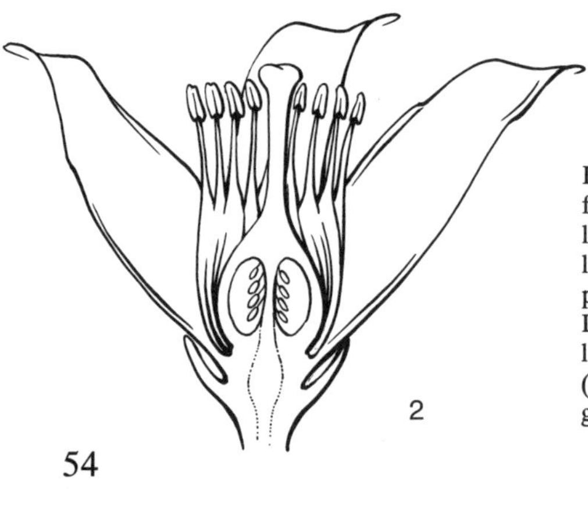

2

Les espèces appartenant au genre *Citrus* forment des arbustes ou des arbrisseaux ; les glandes présentes dans le tissu de l'écorce, des feuilles et des fruits produisent une essence très parfumée. Le limbe (1) est ové ou elliptique, voire lancéolé. Les fleurs blanches ou roses (2, en coupe) apparaissent solitaires ou en grappes à l'aisselle des feuilles. Leurs

3

1

4

innombrables étamines sont soudées à la base. Le pistil se compose d'un grand stigmate, d'un gros style et d'un ovaire supère. Le fruit (3 et 4, en coupe) est une baie contenant plusieurs graines. L'épicarpe est extérieurement coloré de jaune ou de rouge orangé, le mésocarpe interne est un parenchyme blanchâtre peu dense. Le fruit proprement dit est protégé par une enveloppe membraneuse d'où partent des vessies fusiformes vers l'intérieur des quartiers, formant la pulpe. Les graines, blanchâtres ou marron clair, sont de forme ovoïde. Parmi les très nombreuses espèces, la lime *(Citrus aurantifolia)*, le pamplemousse *(C. grandis)*, le citron *(C. limon)*, le cédrat *(C. medica)*, le pomelo *(C. paradisi)*, la mandarine *(C. reticulata)* et l'orange *(C. sinensis)* sont les plus importantes.

Cornouiller mâle, cornouille Cornacées
Cornus mas L. *Cornaceae*

Le cornouiller mâle est originaire d'Europe méridionale et de la région du Caucase. Dans les parcs, on rencontre des espèces apparentées, telles que *Cornus alba, C. florida* et *C. sanguinea,* mais elles présentent moins d'intérêt pour les arboriculteurs. Les fleurs s'épanouissent tôt au printemps, avant l'apparition des feuilles ; l'arbuste est alors aussi décoratif que le forsythia. À cette saison, il est une source de nourriture importante pour les abeilles. Le cornouiller mâle prospère sur les basses terres ou les terrains en pente douce, plutôt secs et bien ensoleillés, qui ne conviennent pas aux autres arbres fruitiers. Il nécessite un sol neutre ou basique. Résistant aux maladies et aux ravageurs, il pousse jusqu'à une altitude de 600 m. La cournouille est un petit fruit à noyau qui pèse 2,6 g et atteint 24 mm de long. On la cueille au moment où elle se colore tout en restant encore dure. En général, on étend un drap sous l'arbre avant de le secouer. Riches en vitamine C, en sucres, en acides, en pectine et en sels minéraux, les cornouilles ont une grande valeur nutritive. La culture du cornouiller prend de l'ampleur, car elle présente un grand intérêt pour les petits cultivateurs. C'est une plante importante pour les terrains extrêmement secs, surtout en pente, que l'arbre renforce avec son système racinaire très développé. C'est également une espèce très appréciée par les apiculteurs.

2

Les arbustes, éventuellement les arbrisseaux à tige basse (1), atteignent de 3 à 3,50 m de haut. Les fleurs jaunes (2) longuement pédonculées sont disposées en inflorescences. Les feuilles sont opposées, elliptiques, d'un vert foncé ; leurs nervures sont fortement arquées. Le fruit à noyau est de forme oblongue (3, en coupe), rouge vif ou rouge carmin. Il mûrit en août-septembre. Le greffage est le mode de multiplication qui donne les meilleurs résultats. Le greffage en écusson sur semis s'effectue en août, comme chez les pêchers. Dans certains pays européens, on a commencé à cultiver des variétés issues de la sélection des écotypes spontanés. À la différence de ceux-ci, elles produisent des fruits (4,5) plus charnus et plus gros.

1
3
5
4

Noisetier commun, noisette — Bétulacées
Corylus avellana — *Betulaceae*

Il est généralement admis que les premières espèces de noisetier ont été introduites dans la Grèce antique depuis l'Asie Mineure. De là, elles se sont vraisemblablement répandues en Italie, puis en Espagne, en France et en Allemagne. Au Moyen Âge, le clergé cultivait les noisetiers dans les jardins des monastères. À en juger d'après les superstitions et les légendes, les noms des villages et des bourgs d'Europe centrale, le noisetier y jouissait d'une grande popularité. Aujourd'hui, il pousse spontanément partout en Europe. On le cultive surtout en Turquie, mais aussi en Allemagne, en Italie, en France et en Grande-Bretagne. Dans les jardins, il forme souvent des haies qui servent de brise-vent.

Le noisetier commun, ou coudrier, est un arbuste rameux qui atteint de 5 à 8 m de haut. Les fruits sont globuleux, anguleux ou oblongs. La cupule foliacée est généralement plus courte ou aussi longue que le fruit. Les bractées écartées découvrent la coque. Celle-ci est assez épaisse. Les noisettes restent un fruit très demandé car leur goût est presque aussi fin que celui des amandes. Leur valeur énergétique est supérieure à celle des noix. Elles contiennent des matières grasses et des protéines meilleures pour l'organisme que les lipides et protéines animaux. L'huile aromatique qu'on extrait des noisettes entre dans la composition de différents produits cosmétiques. Les variétés aux feuilles colorées sont des plantes ornementales recherchées.

2

Le noisetier commun (1) développe des arbustes au port érigé, peu fournis, à tiges multiples. Les rameaux d'un an, brun-gris et pubescents, perdent leur duvet au fil du temps. Les feuilles moyennes ou grandes, largement ovées, sont terminées par une petite pointe. Le bord du limbe est finement denté. Les chatons mâles, jaunâtres ou marron-gris, atteignent 6 cm de long. Ils sont pendants et disposés par 2 à 4. Le fruit (2) est largement conique.

1

La coque marron clair, très dure, porte parfois des rayures assez marquées. La cupule foliacée est profondément découpée. Les bractées sont de longueur inégale. À la maturité de la noisette, elles s'écartent de la coque. La graine recouverte d'une peau fine, marron clair, a un goût légèrement sucré très agréable. On cultive les différentes variétés sous la forme d'arbustes ou d'arbrisseaux à tige basse en les greffant sur le noisetier de Byzance *(Corylus colurna)*. On plante le noisetier en automne, en respectant des distances de 2 à 4 m pour les arbustes, de 1,50 à 3 m pour les arbrisseaux, en fonction de la qualité du sol.

Noisetier, noisette Bétulacées
Corylus maxima *Betulaceae*

Ce noisetier est originaire d'Asie Mineure d'où il a été importé en Europe par les Grecs et les Romains. Les noisettes sont allongées, de forme cylindrique, terminées par une faible pointe. Elles sont solidement enchâssées dans une cupule foliacée tubulaire beaucoup plus longue que la coque et rétrécie à l'extrémité. À maturité, la cupule se fend sur le côté, libérant la noisette, mais il arrive que la noisette se détache de l'arbre avec la cupule. La coque fine se casse facilement. Le hile de taille moyenne présente une saillie hémisphérique ou conique. La graine est sucrée, d'un goût très agréable. Sa peau est claire, mais peut être rouge carmin chez certaines variétés. Les noisettes sont de meilleure qualité et de meilleur goût que celles du noisetier commun, mais elles sont plus sensibles au gel.

Le noisetier fait preuve d'une grande capacité d'adaptation aux conditions climatiques. Les variétés originaires des pays maritimes au climat doux prospèrent également dans les régions septentrionales. Plus le climat est doux, plus les cultures peuvent monter en altitude. Les cultivars préfèrent des terrains humides bien abrités dans des régions où l'hiver est doux et la période végétative longue et chaude. Une situation ombragée permanente ne nuit pas à la croissance des noisetiers, mais exerce une influence néfaste sur leur fécondité. Le noisetier n'a pas d'exigences particulières en ce qui concerne le sol. Cependant, pour prospérer et surtout pour fructifier, il nécessite des sols chauds, argilo-sableux ou sablo-argileux, humides et humiques. Il ne tolère pas des sols secs, lourds, froids et compacts. Le greffage sur le noisetier de Byzance est la plus sûre façon de multiplier des cultivars de qualité en forme d'arbustes, d'arbrisseaux à tige basse ou moyenne qui ne drageonnent pas, ce qui facilite le travail du sol tout autour.

Les arbustes légèrement étalés ont une croissance faible ou moyenne. Les rameaux d'un an sont moyennement gros, marron-gris. Les feuilles moyennes ou grandes, de forme allongée, se terminent par une longue pointe parfois acérée. Les chatons mâles moyennement longs (1) sont brun-gris avec des anthères jaunes. Ils sont groupés par 4 à l'aisselle des feuilles. Les

2

3

fruits de forme ovée-allongée (2) sont parfois aplatis sur un côté, voire sur les deux. Ils sont regroupés par 4 à 10. La cupule foliacée (3) qui dépasse largement la noisette se rétrécit vers l'extrémité. Les bractées sont faiblement découpées. À maturité, elles deviennent marron foncé. La coque marron clair se casse facilement. Le hile est bombé. La graine, d'un goût excellent, remplit entièrement la coque. Sa peau est marron clair. On plante les arbustes selon les mêmes principes que les noisetiers communs.

Noisetier (hybride) — Bétulacées
Corylus avellana x *Corylus maxima* — *Betulaceae*

Chez les hybrides issus du croisement de ces deux espèces, les caractéristiques de *C. maxima* prédominent. Les noisettes sont de forme variable, mais le plus souvent oblongues et partiellement aplaties latéralement. La cupule est aussi longue ou plus longue que la coque. Les caractéristiques de *C. maxima* sont toutefois atténuées chez la nouvelle génération. La forme des noisettes est le plus souvent allongée, la coque est moyennement épaisse, le hile est moins marqué. La cupule foliacée, cylindrique ou légèrement campaniforme, est de longueur variable.

Le noisetier est une plante monoïque, ce qui signifie que les fleurs mâles et femelles apparaissent sur le même arbuste, mais séparément. Il s'agit donc de fleurs unisexuées. Les inflorescences mâles se forment dès le début de juin, par groupe de 2 à 5 sur le même axe. Elles acquièrent une forme cylindrique en automne et sont bien développées en décembre : quelques belles journées suffisent alors pour qu'elles fleurissent. La floraison a lieu le plus souvent de la mi-février à la mi-mars. Les inflorescences femelles, les glomérules, se forment en automne. Discrètes, elles sont dissimulées dans des bourgeons plus plats que ceux des feuilles. Au moment de la floraison, des stigmates rouges en forme de pinceau apparaissent sur les bourgeons. La plupart des variétés présentent chaque année une floraison protérogynique : les inflorescences femelles s'épanouissent avant les chatons. Comme la pollinisation est assurée par le vent, le noisetier doit produire une grosse quantité de pollen. Les graines contiennent en moyenne 63% de matières grasses, 17% de protéines, 7% d'hydrate de carbone. Fraîches, elles renferment de 3 à 4% d'eau, des sels minéraux, des vitamines C et B 1 et des traces de vitamines A et B 2. À l'issue d'études comparatives, on a constaté que la noisette était plus riche en matières grasses que la noix et l'amande.

3

2

1

Les arbustes ont une croissance exubérante. À l'âge adulte, ils sont étalés et fournis. Les rameaux d'un an sont forts, marron clair. Les feuilles plutôt petites sont arrondies ou ovées, parfois asymétriques. Le bord du limbe est irrégulièrement denté. Les chatons mâles, marron clair et de longueur moyenne, sont épais. Ils sont disposés par 2 à 4. Les fruits allongés, de forme cylindrique, sont aplatis latéralement, les faces plates étant striées. Les noisettes (1) se présentent généralement en groupes. Elles sont solidement enchâssées dans la cupule foliacée (2) qui est à peine plus longue que la coque. La cupule est profondément échancrée sur les côtés et se termine par des bractées courtes et larges. À maturité, elle se teinte de jaune. La coque moyennement épaisse est marron clair, barrée de fines rayures plus foncées. La graine (3) la remplit entièrement. Sa peau, également marron clair, est légèrement ridée. Elle a un goût agréable. En plantant l'hybride, on respecte les mêmes règles que dans le cas des deux espèces mères.

Cognassier, coing Rosacées
Cydonia oblonga *Rosaceae*

Le cognassier est vraisemblablement originaire de Perse, comme le prouvent des vestiges préhistoriques. Cet arbre fruitier est cultivé depuis 4 000 ans environ. Les Grecs connaissaient la culture du cognassier qui se répandit par la suite dans les autres pays : aujourd'hui encore, il forme de vastes vergers en Italie et dans le sud de la France. Des plantations importantes s'étendent également dans la CEI, en Roumanie, en Bulgarie, mais aussi aux États-Unis, au Mexique et en Australie. De nombreux cultivateurs amateurs plantent un cognassier dans leur jardin comme arbre d'ornement ou curiosité dendrologique, sans en attendre une récolte abondante.

Le cognassier préfère des altitudes ne dépassant pas 250 m, des températures annuelles moyennes de 7 à 10 °C et un taux de précipitations de 600 mm. Il nécessite des sols bien aérés et humides, sablo-argileux. Les fruits jaunes, très parfumés, sont tomenteux et côtelés avant d'avoir atteint leur maturité. Les coings ne se mangent guère au naturel, mais on en fait des compotes, des marmelades, et surtout des gelées qui exploitent les propriétés gélifiantes des pectines, présentes dans les pépins et la peau. Les coings contiennent de la vitamine C, de 8 à 10% de sucres, de 0,7 à 0,8% d'acides organiques et de 1,2 à 1,8% de pectines. C'est surtout en tant que porte-greffe des cultivars du poirier que le cognassier est utilisé. Ces porte-greffes peuvent être obtenus par semis de graines du cognassier sauvage, mais sont le plus souvent issus de boutures ligneuses prélevées sur des plantes mères.

2

Le cognassier est un arbuste ou un arbrisseau haut de 6 à 7 m. Il forme une cime globuleuse ou étalée irrégulière. Les rameaux d'un an, assez fins, brun foncé, présentent de nombreuses lenticelles. Les grandes feuilles (1) vert foncé sont longues, ovales ou ovées, au bord entier. Leur envers est recouvert d'une villosité blanchâtre. De grandes fleurs odorantes (2) aux pétales rosés ou blancs,

3

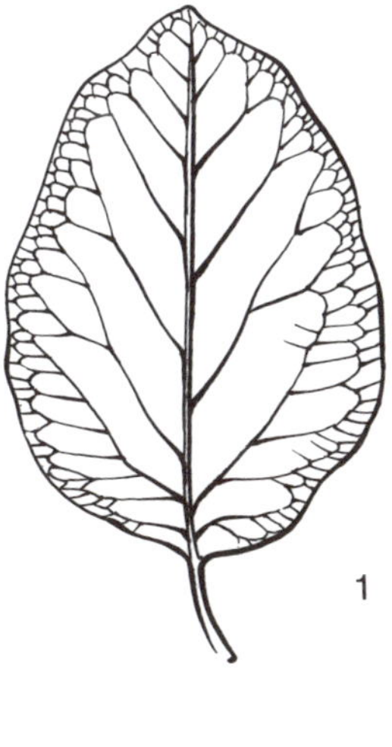

1

s'épanouissent, solitaires, à l'extrémité des rameaux. Par leur forme, les fruits (3) rappellent une pomme ou une poire. Ils sont protégés par une peau tomenteuse. Leur chair jaune clair est très fine, juteuse, aromatique et parfumée. La forme arbustive se prête mieux à la culture. On la plante en automne ou au printemps, à une distance de 2 à 3,50 m, dans un endroit chaud et bien abrité. Si on utilise le cognassier comme porte-greffe, il ne faut pas oublier qu'il tolère mal certaines variétés de poirier. Si malgré tout on opte pour cette solution il est conseillé d'utiliser un porte-greffe lui-même issu d'un cognassier. La variété de cognassier la plus cultivée est Champion.

Plaqueminier, kaki

Diospyros kaki L. f.

Ébénacées

Ebenaceae

Le plaqueminier est originaire du centre de la Chine où il pousse jusqu'à une altitude de 1 200 m. Aujourd'hui, on le cultive dans presque toutes les régions subtropicales et tropicales moyennes du monde, mais plus particulièrement en Chine et au Japon. Dans son pays d'origine, il connaît des étés chauds et humides et des hivers doux, assez secs, avec des températures minimales de −4 °C. Cependant, il existe aujourd'hui des variétés qui tolèrent des gelées de courte durée où la température descend à −18 °C. Le plaqueminier a peu d'exigences quant à la nature du sol, mais il fructifie bien sur des sols argileux profonds, bien humides. Le taux de précipitations idéal pour sa culture varie entre 1 500 et 2 000 mm. Le plaqueminier se multiplie par semis, mais les nouveaux individus ne sont pas productifs avant la sixième année. Pour cette raison, on le multiplie plutôt par greffage sur des sujets de la même espèce.

Les fruits des nombreuses variétés, les kakis, sont souvent amers avant d'atteindre leur complète maturité. Ils contiennent en effet des tanins (de 0,1 à 1,5%) qui se décomposent pendant la maturation, le fruit devenant de plus en plus sucré. C'est pourquoi on doit consommer les kakis lorsqu'ils sont parfaitement mûrs, c'est-à-dire au moment où leur pulpe devient molle. Toutefois, les fruits de nombreuses variétés sont sucrés même lorsqu'ils sont encore verts. La chair du kaki contient en moyenne 0,75% de protéines, 0,55% de matières grasses, 17,3% de glucides (surtout du glucose et du fructose), 0,24% d'acides, 1,5% de fibres, 0,52% de sels minéraux, de la vitamine C (de 20 à 90 mg pour 100 g) et de la provitamine A. La vitamine C est surtout présente dans les fruits verts ; sa teneur a ensuite tendance à baisser. On mange les kakis au naturel, mais ils entrent aussi dans la préparation de marmelades, de confitures, de sirops, d'eaux-de-vie ou de glaces. Les kakis secs contiennent jusqu'à 62% de glucides et surpassent en goût les dattes et figues sèches.

Le plaqueminier est un arbuste ou un arbre à feuilles caduques haut de 3 à 15 m. Ses feuilles alternes simples sont elliptiques, vert foncé, à l'aspect coriace. Les fleurs (1, en coupe) sont unisexuées, rarement bisexuées. Les fleurs femelles, plus grandes que les fleurs mâles, s'épanouissent en solitaires sur les rameaux de l'année précédente. Leur corolle campaniforme est jaune pâle. Le calice se compose de 4 sépales bien développés. Les fleurs mâles

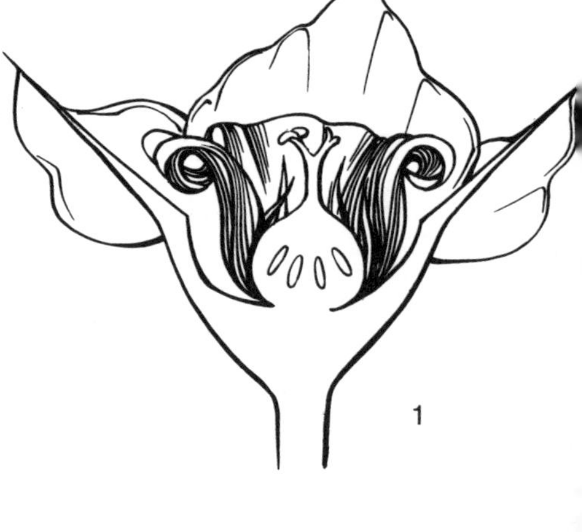

1

2

3

sont disposées séparément ou regroupées par 2 ou 3. Plus petites, elles possèdent également une corolle jaune-blanc campaniforme et un calice souvent tomenteux. Le fruit (2 et 3, en coupe) est une baie presque globuleuse, éventuellement aplatie ou oblongue, qui pèse entre 100 et 500 g. Le kaki est jaune orangé, rouge, voire brun-rouge. Il est protégé par une peau fine, lisse, à l'aspect givré. Le calice reste attaché à sa base. Sa chair jaune ou brun clair renferme des graines marron, plates, de forme ovale ou oblongue.

Durian

Durio zibethinus Murr.

Bombacées

Bombacaceae

Le durian est répandu surtout en Indonésie, en Malaisie, en Inde, dans le Sud-Est asiatique, aux Philippines et au Sri Lanka. Les tentatives de culture dans d'autres régions n'ont pas toujours remporté le succès escompté, mais on a tout de même réussi à l'introduire dans d'autres pays tropicaux d'Afrique orientale et d'Amérique du Sud (Brésil). La population locale consomme l'arille au naturel, car il contient 11% d'amidon et 5% de sucres. On l'utilise également pour préparer des marmelades, des sucreries et des boissons fermentées. En Thaïlande, on l'accompagne de riz gluant. On le mange aussi en sauce ou en salade, avec des oignons et du sel, ou encore passé au mixeur avec d'autres fruits exotiques, des bananes par exemple. Les fruits verts accompagnent les viandes et font d'excellents potages. Les graines doivent être grillées ou rôties avant consommation. On en extrait également une huile alimentaire.

Les habitants du Sud-Est et du Sud asiatiques, mais aussi de nombreux Européens, apprécient le durian en dépit de son odeur très particulière sur laquelle les avis sont partagés. Elle évoquerait l'odeur de l'ail, de l'œuf pourri, ou de toutes sortes de combinaisons malodorantes. D'aucuns qualifient au contraire le durian de « nourriture des dieux », de « nectar et d'ambroisie réunis » ou de « roi des fruits tropicaux ». Le grand explorateur et biologiste A. R. Wallace se plaisait à déclarer qu'un voyage en Asie du Sud-Est méritait d'être entrepris, ne fût-ce que pour goûter le durian. L'opinion selon laquelle le durian est un fruit qu'on ne peut qu'adorer ou haïr traduit d'ailleurs parfaitement l'attitude adoptée à son égard.

2

L'arbre, haut de plus de 20 m, est ramifié à sa base. Les feuilles alternes (1) sont allongées, de forme ovoïde, rigides et brillantes, recouvertes sur le dessous par un duvet doré. Les grosses fleurs (2) naissent directement sur les branches ou la tige en faisceaux de 3 à 20. Elles comportent un calice composé de 5 sépales soudés, soutenus par 2 ou 3 bractées et une corolle de 5 pétales blancs, jaune pâle ou roses.

3 1

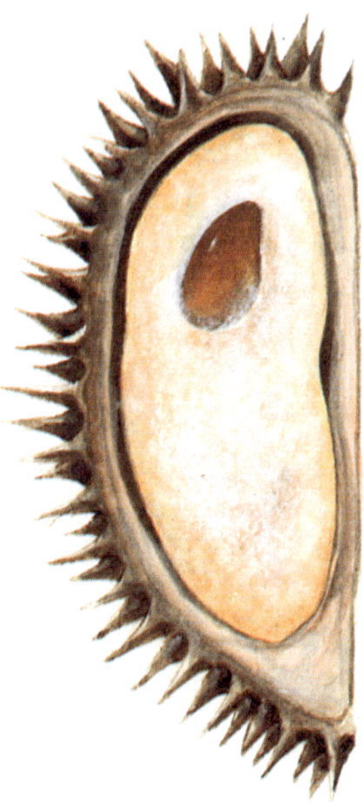

4

L'ovaire supère qui se compose de 5 compartiments se rétrécit en un style simple, terminé par un stigmate renflé. Le fruit (3) ovale ou globuleux pèse 2,5 kg environ. L'enveloppe rigide est recouverte de piquants coniques. Ses parois épaisses sont divisées en 5 segments (4) renfermant chacun de 1 à 4 graines ovales, marron clair, dans une pulpe jaune clair, charnue et crémeuse.

Bibacier, bibace Rosacées
Eriobotrya japonica Lindl. *Rosaceae*

Le bibacier, aussi appelé néflier du Japon, pousse spontanément en Inde, dans la région de l'Himalaya et en Chine. Aujourd'hui, on le cultive surtout au Japon et en Chine où il occupe la deuxième place après les agrumes, mais aussi en Australie, aux États-Unis et dans la région méditerranéenne, en Espagne et en Italie. On le trouve également dans les régions subtropicales de Géorgie et de l'Azerbaïdjan, mais sa culture y est d'un intérêt économique moindre car les fleurs des arbres sont souvent endommagées par le gel. Dans ses régions de culture, le bibacier supporte des baisses de température allant jusqu'à −12 °C, mais généralement, les gelées de −3 à −4 °C font déjà tomber les fleurs. Il prospère sous les climats subtropicaux océaniques, humides et aux hivers cléments. Il est peu exigeant en ce qui concerne la qualité du sol, mais nécessite toutefois une bonne réserve d'eau et de matières nutritives. Ainsi, des terres assez légères, humides et fertiles conviennent bien à sa culture, l'acidité du sol n'étant pas un facteur déterminant. On peut multiplier le bibacier par semis, mais la disparité de la nouvelle génération obtenue ainsi fait souvent préférer le greffage, le bouturage ou le marcottage. Les cultivars demandent peu de soins ; seuls les fruits craignent les chutes de température et les maladies d'origine bactérienne.

Dans les régions subtropicales, le bibacier fleurit en automne. C'est le plus précoce de tous les arbres fruitiers : il fructifie de mars à mai. On récolte les fruits par grappes entières. Dans les régions où il fait l'objet d'une culture étendue, on connaît tout un assortiment de variétés. Au Japon, par exemple, on en a recensé plus de quarante. La chair des bibaces (ou nèfles du Japon ou loquats) contient en moyenne 0,7% de protéines, 0,3% de matières grasses, 10,2% de glucides, 0,9% de fibres et 0,5% de sels minéraux. La bibace, considérée comme l'un des fruits les plus savoureux, se consomme au naturel ou en gelées ; on la conserve dans du sirop ou du sucre. Le jus qu'on en extrait est une excellente boisson rafraîchissante. Fermenté, il se transforme en un vin qui contient 4% d'alcool. Les graines des bibaces peuvent se substituer au café.

L'arbre présente une cime fournie, en boule, aux branches solides. Les jeunes rameaux (1) sont tomenteux, à l'instar des feuilles. Les feuilles alternes (2) sont courtement pétiolées, lancéolées, allongées ou elliptiques, à l'aspect coriace. Le bord du limbe est denté de façon intermittente.

3

4

5

2

6

Elles sont vert foncé et brillantes sur le dessus, grises et tomenteuses sur le dessous. Les petites fleurs bisexuées (3 et 4, en coupe) sont réunies par 60 à 80 dans les panicules terminales. Très odorantes, elles sont blanches, jaune pâle ou roses. Le fruit (5) est une drupe globuleuse, ovale ou piriforme, qui pèse de 20 à 75 g. La peau fine, jaune pâle ou orangée, rehaussée parfois d'une tache rouge, est recouverte d'un fin duvet. La pulpe fragile, jaune crémeux ou orange clair, est juteuse, d'un goût délicieux, acidulée ou sucrée. Elle renferme de 2 à 5 graines assez grandes, brillantes, marron foncé (6, coupe transversale du fruit).

1

Longanier, longane Sapindacées
Euphoria longana Lam. *Sapindaceae*

Originaire du sud de la Chine, le longanier est cultivé de nos jours partout dans le Sud-Est asiatique et en Inde, ainsi que dans quelques autres pays ; les plus grandes cultures se trouvent cependant au Sri Lanka. Le longanier est bien adapté au climat tropical humide, mais certaines de ses formes prospèrent sous le climat tropical moyen, par exemple au Viêt-nam dans les environs de Hanoi où elles poussent sur les terres basses et les terrains faiblement accidentés.

L'espèce nécessite une température assez élevée tout au long de l'année, sans écarts thermiques notables. Les températures annuelles optimales pour sa culture varient entre 22 et 24 °C ; une chute de température à −2 °C représente déjà une sérieuse menace pour la plante. Celle-ci, très exigeante en matière d'humidité, se plaît dans les régions au taux de précipitations annuel de 1 800 à 2 400 mm. Par contre, le longanier est assez modeste en ce qui concerne la nature du sol. Il prospère sur tous les types de sols légèrement acides, à l'exception des terres riches en gravier trop perméables ou, au contraire, trop lourdes, détrempées en permanence. On le multiplie par semis ou par voie végétative, cette seconde méthode prévalant de plus en plus aujourd'hui. En effet, la nouvelle génération issue du semis fructifie tard (au bout de sept ans environ) et les fruits sont de qualité inégale. Parmi les modes de multiplication végétative, on procède très souvent au marcottage aérien, éventuellement au greffage en écusson ou en fente sur des sujets appartenant à la même espèce. Les plantes ainsi obtenues fructifient trois ou quatre ans plus tard. Au moment de la récolte, on casse des rameaux entiers et les fruits parviennent attachés en bottes sur les étals du marché, à l'instar des litchis. L'arille, juteux et sucré, est le plus souvent consommé frais, parfois séché. Sans atteindre la qualité du litchi, le longane est très apprécié en Chine et dans tout le Sud-Est asiatique.

Le longanier est un arbre semper virens haut de 10 à 20 m, à la tige basse, à la cime en boule et aux branches implantées assez bas. Exceptionnellement imparipennées, les feuilles (1) sont généralement paripennées, composées de 2 à 5 paires de folioles elliptiques ou lancéolées, vert foncé, brillantes et coriaces. Les petites fleurs (2), blanc

2

verdâtre ou jaunes, généralement polygames, sont disposées en panicules terminales bien fournies. Le fruit à noyau sphérique (3), qui mesure de 2 à 2,5 cm de diamètre, est protégé par une enveloppe jaune ou brun-rouge, coriace, voire rigide, lisse ou légèrement verruqueuse. La grande graine noire ou marron foncé est visible par transparence dans l'arille blanc translucide qui est à l'origine du nom chinois du longane, « œil de dragon ». La chair agréablement parfumée est juteuse, acidulée, parfois légèrement amère.

Figuier commun, figue Moracées
Ficus carica L. *Moraceae*

Le figuier est vraisemblablement originaire de la partie occidentale de l'Asie Mineure, comme le suggère son nom scientifique dérivé de Carie, l'une des anciennes provinces de cette région. Dès l'Antiquité, le figuier s'est répandu dans tout le bassin méditerranéen, mais aussi dans la région du Caucase située au bord de la mer Noire, en Asie centrale et en Chine. De nos jours, on le cultive pratiquement dans toutes les régions subtropicales, bien que les plus gros producteurs de figues restent les pays méditerranéens, en particulier le Portugal, la Turquie, la Grèce et l'Italie. Il compte parmi les arbres subtropicaux les moins exigeants qui se plaisent dans le climat de type méditerranéen. Pendant la période de repos végétatif, le figuier tolère une température de −5 à −15 °C. Endommagé par le gel, il se régénère facilement grâce aux rejets émis par les parties souterraines. Il tolère bien le soleil direct et des températures élevées, à condition de ne pas manquer d'eau. Il est peu exigeant en matière de sol, mais ce dernier doit cependant être assez profond et pas trop sec. Il prospère sur des sols trop riches en calcaire ou légèrement acides. Le figuier se multiplie surtout par voie végétative, le plus souvent par boutures ligneuses, par rejets ou par marcottage.

Le fruit contient jusqu'à 25% de glucides, 1,4% de protéines et 0,26% de matières grasses. Il est riche en vitamine C et en provitamine A. La valeur énergétique de la figue fraîche est de 48 calories pour 100 g. Dans les régions où on les cultive, on consomme les figues fraîches en guise de fruits diététiques. Elles se prêtent également à la préparation de marmelades, de confitures, de jus et de vins. Les figues séchées et torréfiées remplacent le café. Toutefois, on mange le plus souvent les figues séchées. Elles contiennent 18% d'eau, de 57 à 68% de glucides, quelque 3,4% de protéines, 1,2% de matières grasses, 7% de fibres et 2, 3% de sels minéraux.

2

Le figuier est un arbuste ou un arbre à feuilles caduques, haut de 15 m. Lactescent, il exsude un latex visqueux. Les feuilles longuement pétiolées (1), entières, présentent une hétérophyllie caractéristique. Les fleurs sont disposées de façon insolite à l'intérieur d'une inflorescence piriforme, appelée sycone, qui est le résultat du grossissement d'un

1

4

5

3 a

b

pédoncule creux et du réceptacle de l'inflorescence. Sur les plantes mâles (2) se forment des caprifigues de mauvaise qualité, les vraies figues (4 et 5, en coupe) se formant sur les plantes femelles ; ces dernières portent des fleurs mâles réduites, alors que les fleurs femelles ont des styles longs et se transforment en fruits de qualité (3, a— fleur à style long, b— fleur à style court). Au cours de l'année, trois générations d'inflorescence apparaissent sur l'arbre. Leur fécondation et, par conséquent, la qualité du fruit, sont tributaires de l'hyménoptère cynipidé *Blastophaga psenes* qui ne vit que sur l'aire d'extension naturelle du figuier.

Fraisier non remontant (variété à gros fruits) Rosacées
Fragaria x *ananassa* Duch. syn. *F. grandiflora* Ehrh. *Rosaceae*

On a recensé quarante-cinq espèces dans le genre *Fragaria* L., parmi lesquelles deux seulement sont sans doute à l'origine de toutes les variétés cultivées. Le fraisier *Fragaria* x *ananassa* est en effet issu d'une hybridation fortuite entre le fraisier de Virginie *(F. virginiana)* et le fraisier du Chili *(F. chiloensis)*. Par la suite, on a sélectionné par des croisements systématiques des formes à grandes fleurs et à fruits rouge foncé. On attribue la paternité de la première variété du fraisier cultivé à Antoine-Nicolas Duchesne, naturaliste du XVIIIe siècle. Cette variété s'est répandue dans les pays européens sous le nom de Brestling, sa souche étant connue comme Ananas Holandia. La culture des fraises telle que nous la concevons aujourd'hui a commencé à se développer en 1800. La sélection de la variété Senga Sengana peut être considérée comme la réussite du siècle dans ce domaine.

La culture du fraisier est traditionnellement concentrée dans les plaines de moyenne et basse altitude, situation qui facilite les interventions et les travaux qu'elle exige. Toutefois, on peut la pratiquer sur des étendues plus réduites même dans un terrain accidenté. Le fraisier est en effet une plante polymorphe qui s'adapte facilement, fructifie bien et donne des fruits de bonne qualité même dans les régions situées à une altitude supérieure à 500 m, à condition toutefois qu'on satisfasse ses besoins en lumière et en chaleur. À cette altitude, la récolte est certes retardée de trois bonnes semaines, mais les fraises y sont malgré tout les fruits les plus précoces. Les fraises sont très appréciées pour leur saveur et leur parfum, mais surtout pour leur teneur en vitamine C (de 40 à 50 mg pour 100 g), en vitamines A, B, en acides organiques et en sucres. Les fraises connaissent une large utilisation fraîches, cuites ou en conserves.

2

Le fraisier à gros fruits non remontant (1) est une plante herbacée, haute de 25 cm environ. Il forme des rosaces moyennement fournies de feuilles le plus souvent trifoliées d'un vert soutenu. La forme de la feuille terminale et la densité de la plante sont des critères d'identification de la variété. Les fleurs comptent de 5 à 8 pétales blancs qui se chevauchent. Le calice simple ou double est vert foncé. Le réceptacle composé de pistils jaune-vert est bombé, bordé de deux rangées de nombreuses étamines aux anthères jaunes, de taille moyenne. Le fruit, la fraise (2, 3 et 4, en coupe) est formé par de nombreux akènes répartis sur un réceptacle charnu. On cueille les fraises avec leur court pédoncule. Au moment de la récolte, on veille à débarrasser soigneusement la plante des fruits pourris ou abîmés pour prévenir la propagation de la moisissure grise, champignon qui est le principal fléau des fraisiers, remontants ou non.

Fraisier remontant (variété à gros fruits) Rosacées
Fragaria x *ananassa* Duch. syn. *F. grandiflora* Ehrh. *Rosaceae*

Au cours de sa période végétative, le fraisier traverse d'importantes phases (croissance, floraison, fructification et différenciation des bourgeons) dont il faut tenir compte au moment des travaux de jardinage : épandage des engrais, arrosage et élimination des stolons. Le fraisier remontant fleurit et fructifie deux fois au cours de sa période végétative : en avril, puis dès le mois de juin. La récolte de juin terminée, l'évolution de la plante change. La fertilisation, le sarclage du sol autour de la plante et l'arrosage après la première récolte sont les éléments déterminants de la culture du fraisier remontant traditionnel, en particulier des variétés à gros fruits qui fructifient en permanence jusqu'aux gelées, telles que Day-neutral ; la quantité et la qualité des fruits récoltés en dépendent. La différenciation des bourgeons à fleurs est tributaire de l'apport en potassium et en phosphore. Après la seconde récolte, le fraisier remontant s'épuise plus rapidement que les variétés non remontantes. On déconseille généralement de conserver les mêmes plantes pendant plus de deux ans. Pour accélérer et améliorer la seconde récolte, il est recommandé de pincer les fleurs printanières. Les variétés remontantes classiques prospèrent dans les régions au climat doux sur des terrains abrités.

De taille moyenne, le fraisier remontant (1) atteint généralement de 15 à 20 cm. Il est plus bas et moins fourni que le fraisier non remontant bien que ses feuilles (2) et ses fleurs (3) soient identiques. Il produit très peu de stolons. Ses fruits (4, en coupe) n'atteignent pas la taille des fraises des variétés qui fructifient une seule fois en juin-juillet. La période de récolte est beaucoup plus longue, mais la quantité de fruits récoltés est moindre. On peut accélérer assez efficacement les récoltes tardives en recouvrant les plantes avec un film en plastique. Il est possible de planter les fraisiers d'un an à faible distance les uns des autres (de 15 à 20 cm dans la rangée, en respectant une distance de 20 à 40 cm

2

entre les rangées). Cette disposition garantit de bonnes récoltes de gros fruits épargnés par la moisissure grise. Dans les pays spécialisés dans la culture des fraises, on crée des plantations de fraisiers remontants ou de variété Day-neutral tout au long de l'année.

3

4

1

Fraisier des bois Rosacées

Fragaria vesca L. var. *semperflorens* *Rosaceae*

La variété *semperflorens* a été découverte au pied des Alpes en 1760, puis introduite dans les jardins en France. Elle s'est répandue dans les environs de Turin, en Grande-Bretagne, et par la suite en Allemagne. Il s'agit d'une mutation pratiquement dépourvue de stolons qui fleurit et fructifie du mois de juin jusqu'aux premières gelées. Le fraisier des bois présente une rosette de feuilles, des inflorescences abondantes et des fruits rouges ou blancs. Les variétés actuelles sans stolons se multiplient par semis, exceptionnellement par division de souche. Le fruit est un réceptacle charnu couvert d'akènes. Cette petite fraise de forme variable est donc un faux fruit.

Le fraisier des bois est une plante cultivée peu exigeante. Il prospère sur des sols profonds, sablo-argileux et humiques, et résiste bien au gel, aux maladies et aux insectes nuisibles. Il produit beaucoup au cours des deux premières années, la taille des fruits diminuant ensuite avec l'âge de la plante. C'est pourquoi on recommande de la cultiver tout au plus comme une plante bisannuelle. Les fraises mûrissent progressivement de la fin du mois de juin jusqu'aux premières gelées automnales. Elles conviennent très bien à la préparation de coupes de fruits, de pâtisseries et à l'alimentation des jeunes enfants. On plante le fraisier des bois le plus souvent en bordure d'autres cultures.

2

Le fraisier des bois (1) est une plante herbacée moyennement fournie, de forme hémisphérique, haute de 15 cm environ. Les feuilles trifoliées sont petites, vert clair. La foliole centrale est ovale, cintrée vers la base. Les inflorescences apparaissent à la hauteur des feuilles sur des tiges assez longues. Les fleurs bisexuées (2), globuleuses, comptent de 5 à 7 pétales blancs. Les sépales assez petits sont disposés sur une seule rangée, de sorte qu'ils forment un calice simple qui ne recouvre pas les pétales. Les stigmates sont jaunes. Les innombrables étamines possèdent des filets blanc-vert et des anthères globuleuses jaunes. Le faux fruit, la fraise (3 et 4, en coupe), est conique, globuleux ou pointu, couvert de striures bien apparentes. La pulpe blanche ou rosée est moyennement ferme, dépourvue de cavité centrale. Elle est légèrement acidulée, très parfumée.

3 4

1

Mangoustanier, mangoustan Clusiacées
Garcinia mangostana L. *Clusiaceae*

Le mangoustanier est originaire de Malaisie et d'Indonésie, mais de nos jours, on le cultive essentiellement dans le Sud-Est et le Sud asiatiques ainsi qu'en Amérique centrale. On le plante le plus souvent près des habitations et dans les jardins. Toutefois, de véritables plantations existent, par exemple au Panamá et au Honduras. Arbre fruitier caractéristique des régions tropicales humides, il compte parmi les espèces les plus exigeantes en matière de chaleur et d'humidité, et les plus sensibles au froid, une baisse de température en dessous de 5 °C pouvant lui être fatale. Le mangoustanier nécessite des précipitations régulières tout au long de l'année, de sorte que dans les régions plus sèches il faut l'arroser. Il prospère sur des sols profonds, perméables, avec des couches aquifères souterraines à 2 m de profondeur. Il faut le protéger des vents forts qui font tomber les fruits. La multiplication des mangoustaniers est extrêmement délicate. Les graines perdent rapidement leur pouvoir germinatif. Les jeunes plants, difficiles à transplanter, dépérissent rapidement à peine sortis de terre et poussent lentement. Ils fructifient au plus tôt au bout de dix ans. Parmi les modes de reproduction végétative, on pratique le greffage en écusson qui donne de piètres résultats avec les porte-greffes appartenant à la même espèce.

Le mangoustan compte parmi les fruits tropicaux les plus appréciés. Son arille contient en moyenne 0,5% de protéines, 0,1% de matières grasses, 13% de sucres et 0,2% de sels minéraux, sa valeur énergétique étant de 60 calories environ pour 100 g. Même s'il ne contient que des traces de vitamines, il est très recherché pour sa saveur et son parfum. On le mange surtout frais, mais il se prête parfaitement à la congélation et à la préparation de conserves. L'écorce blessée de l'arbre exsude une résine qui se fige à l'air, donnant une sorte de gomme-gutte de qualité moyenne qui entre dans la composition de peintures et de vernis. On utilise localement l'enveloppe du fruit comme colorant ou pour en extraire des tanins. Quant aux graines, elles sont exploitées par la pharmacopée populaire.

Le mangoustanier est un arbre semper virens de la zone équatoriale, haut de 10 à 25 m. Sa cime au port pyramidal est très dense. Ses feuilles opposées, courtement pétiolées (1), vert foncé, sont ovales elliptiques et terminées en pointe. Les fleurs bisexuées à 4 pétales (2) peuvent devenir unisexuées à la suite de l'atrophie

2

de l'androcée ou du gynécée. Les fleurs mâles fonctionnelles, longuement pédonculées, sont regroupées en cime par 3 à 9. Les fleurs femelles aux pédoncules courts et gros apparaissent à l'extrémité des rameaux. Les pétales épais et charnus sont jaune-vert à l'extérieur et jaune-rouge à l'intérieur. Le fruit (3), une baie globuleuse, garde le calice résiduel. Son enveloppe épaisse, mauve ou brun-pourpre, exsude en abondance un latex jaune. À l'intérieur, on découvre de 4 à 8 quartiers (4, en coupe) qui enferment autant de graines ovales allongées et aplaties, logées dans l'arille blanc ou rose, charnu et très savoureux.

Argousier Éléagnacées
Hippophaë rhamnoides L. *Elaeagnaceae*

L'argousier, ou saule épineux, compte sans doute les plus jeunes cultivars arboricoles. Ils sont issus de l'espèce sibérienne *H. rhamnoides* qui se distingue des espèces européennes *maritima* et *fluviatilis* par certaines caractéristiques morphologiques et dendrologiques. L'espèce sibérienne aux feuilles vert foncé se présente comme un arbuste bas dont les parties ligneuses résistent bien au gel. Dans les conditions européennes, elle fleurit et fructifie plus tôt. Les premiers cultivars d'argousier ont été sélectionnés en Sibérie, probablement par le centre de sélection de l'Altaï en 1934. De nos jours, les plus importantes collections de variétés et formes d'argousier sont concentrées dans les centres de recherche et les jardins botaniques de Strasbourg, de Toulouse, de Saint-Pétersbourg et de Turku en Finlande. Des plantations de production ont été fondées dans l'Altaï, dans le bassin de la Volga et dans le nord-est de l'Allemagne.

Les cultivars ne sont pas exigeants en matière de sol et de conditions climatiques, tolérant l'atmosphère polluée des régions industrielles. C'est une plante idéale pour les remblais, les terrils et les espaces verts des résidences ou les terrains communs des parcelles destinées au jardinage. Les parties utiles sont le fruit pour l'arboriculture, la feuille et la graine pour l'industrie pharmaceutique. En effet, on extrait des graines une huile qui est un composant essentiel des médicaments pour les dermatoses et les maladies oculaires. L'industrie alimentaire transforme les fruits en gelées, en confitures et en sirops. On utilise les fruits secs pour préparer des tisanes. Les fruits doivent toujours être cueillis à parfaite maturité, puis traités ou congelés au plus tôt, car ils s'abîment très rapidement. Ils contiennent de la vitamine C (de 130 à 150 mg pour 100 g), du carotène (de 9 à 12 mg pour 100 g), ainsi que des vitamines du groupe B, des sucres, des acides et des tanins.

Les variétés d'argousier sélectionnées pour les besoins de l'arboriculture sont dioïques. Les arbustes sont hauts de 2 à 3 m, ceux qui portent des fruits (1) étant plus hauts et plus érigés que les arbustes mâles destinés à la pollinisation. Les deux types d'arbustes produisent énormément de drageons qu'il faut supprimer régulièrement chez les cultivars. Les fleurs des pieds femelles (2) sont très petites,

1

4

3

jaune pâle. À peine visibles sur l'arbuste, elles s'ouvrent à l'aisselle des feuilles. Les fleurs des pieds mâles (3) sont plus grandes, de teinte marron. La pollinisation est assurée par le vent. Le petit fruit à noyau (4, en coupe), de teinte orangée, mûrit de la mi-septembre jusqu'à la fin du mois d'octobre. Les fruits mûrissent uniformément, de sorte qu'on peut les récolter en une fois. Les cultivars se multiplient exclusivement par voie végétative, par les rejets. Ils résistent bien aux maladies et aux insectes nuisibles, à l'instar des variétés non cultivées. Les variétés allemandes telles que Hergo, Leikora, Frugana, Dorana et Pollmix 1–4, forme mâle destinée à la pollinisation, ont fait leurs preuves dans les conditions européennes.

Noyer commun, noix — Juglandacées
Juglans regia var. *durissima* — *Juglandaceae*

L'aire d'extension naturelle du genre *Juglans* n'est aujourd'hui que le vestige d'une vaste aire qui s'étendait sur de grandes régions durant les précédentes ères géologiques. Les fossiles découverts dans différentes couches géologiques indiquent que les représentants du genre *Juglans* existaient déjà au Crétacé. Dans les restes des habitations sur pilotis du Paléolithique supérieur, on a découvert des coquilles de noix de l'espèce *J. regia.* D'autres vestiges datent des âges du Bronze et du Fer. On peut donc supposer que des espèces appartenant au genre *Juglans* poussaient au nord des Alpes dès le Tertiaire. Les glaciations les ont repoussées dans le bassin méditerranéen, en Asie antérieure et centrale où elles ont survécu et d'où elles se sont répandues dans d'autres régions.

À l'origine, on plantait les noyers dans les jardins des monastères, dans les parcs et autour des demeures seigneuriales, puis les paysans commencèrent à les planter à proximité de leurs habitations. Les hommes ont toujours tenu le noyer en grande estime, car il survit à plusieurs générations humaines. Arbre fruitier très ancien, il fait l'objet de superstitions, de dictons ainsi que de recettes propres à la pharmacopée traditionnelle qui témoignent de sa grande popularité. La variété *durissima* donne des noix de taille moyenne à coquille très dure. Il s'agit vraisemblablement du type originel du noyer commun. En France, on cultive principalement Franquette, Parisienne, Ronde de Montignac, Solèze, Corne du Périgord, Mayette, Meylannaise et Bijou.

1

Les arbres de la variété *durissima* peuvent atteindre des dimensions considérables et un âge respectable. Les rameaux d'un an sont marron clair verdâtre. Les feuilles imparipennées se composent de 5, 7 ou 9 folioles. Les fleurs mâles, les chatons (1), sont grosses, mais de longueur moyenne, d'une teinte jaune verdâtre claire. Les fleurs femelles (2), généralement assez grandes et de la même couleur que les fleurs mâles, sont regroupées par 2 ou 3 dans une inflorescence. Les fruits moyens ou grands (3) sont ovales, globuleux ou coniques. La coquille très dure est d'une épaisseur égale. Difficile à casser, elle n'est que faiblement sillonnée. L'amande couverte d'une peau

3

2

marron clair a un goût excellent, légèrement sucré, que les noix conservent pendant deux ans. On plante les arbres au printemps, en respectant des distances de 10 m. La variété *durissima* est moins exigeante en ce qui concerne le climat et le sol que les autres variétés. Localement, elle convient parfaitement pour assurer la production d'une région aux conditions climatiques plutôt défavorables. Elle n'a pas donné lieu à la sélection de nouvelles formes qu'on pourrait multiplier par greffage.

Noyer commun, noix
Juglans regia var. *maxima*

Juglandacées
Juglandaceae

Cette variété donne de grands fruits à coque fragile, profondément sillonnée. Souvent, cette dernière n'est pas entièrement fermée, de sorte qu'on peut séparer facilement les deux moitiés. Les noix se consomment uniquement fraîches : riches en eau et pauvres en matières grasses, elles ne supportent pas l'entreposage, car elles se rabougrissent en séchant, donnant des cerneaux de mauvaise qualité. Selon le type d'inflorescences, on parle de protérandrie (les fleurs mâles fleurissant avant les fleurs femelles), de protérogynie (les fleurs femelles fleurissant avant les fleurs mâles) ou de dichogamie, où les deux types de fleurs s'ouvrent en même temps.

Les noyers sont cultivés principalement dans la zone tempérée de l'Europe et de l'Asie et, en Amérique du Nord, en Californie. Les avantages de ces arbres sont multiples. Les noix qui ne sont pas tout à fait mûres servent à la fabrication de vins aromatisés et de liqueurs, les noix fraîches étant une friandise saine et nourrissante. Leur valeur nutritive ne s'apprécie pas uniquement en termes de calories, car elles apportent également sels minéraux et vitamines. La teneur en matières grasses des noix est de 58%. Leur goût est plus fin si elles contiennent plus de protéines et moins de matières grasses. L'huile extraite des noix sèches assaisonne certaines salades et entre dans la composition de médicaments et de cosmétiques. Il est à noter que les matières grasses et les protéines présentes dans le cerneau sont plus faciles à digérer que les graisses et les protéines animales. L'enveloppe verte de la noix contient des tanins et le brou, sorte de pigment brun. Le bois du noyer est d'une grande valeur. Par son importance économique, le noyer compte parmi les arbres fruitiers les plus précieux.

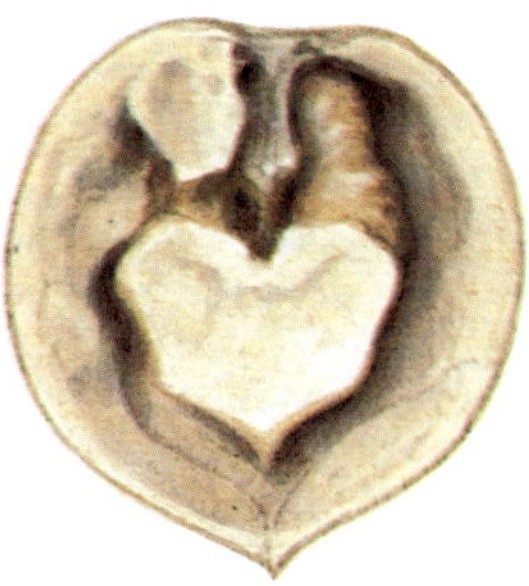

2

Arbre à croissance rapide, la variété *maxima* se régénère facilement. Elle prospère sous les climats cléments, fructifiant moins et souffrant du gel dans des conditions plus rudes. Ses rameaux d'un an sont marron clair. Les chatons mâles sont le plus souvent longs, mais parfois aussi courts. Les fleurs femelles, assez grandes, sont jaune pâle, regroupées par 2 à 4 dans l'inflorescence. Les grandes

1

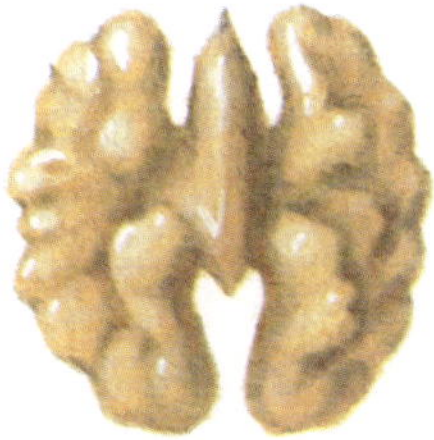

3

feuilles composées, imparipennées, comptent de 7 à 9 folioles. Les fruits (1 et 2, en coupe) sont grands, généralement de forme ovoïde. La coquille fine et fragile, parfois percée de trous, comporte de profonds sillons. L'amande (3) de taille moyenne est recouverte d'une peau marron clair. Caractéristique, son goût est très plaisant, légèrement sucré. On plante les arbrisseaux issus du semis à des distances de 10 m, de préférence dans les endroits abrités afin de favoriser leur productivité et leur longévité. La variété *maxima* ne présente aucune forme qui pourrait se reproduire par greffage.

Noyer commun, noix Juglandacées
Juglans regia var. *tenera* *Juglandaceae*

Cette variété se caractérise par des fruits moyens, qui peuvent toutefois atteindre une taille exceptionnelle. Les noix sont logées dans une coque fine, fibreuse et parcheminée, qui s'ouvre facilement si on exerce une légère pression au milieu du fruit. La cavité de la coquille est bien remplie par les cerneaux. La variété *tenera* nécessite une situation abritée et chaude. Elle comporte plusieurs formes qui peuvent se multiplier par écussonnage. Pour écussonner le noyer commun, on utilise des porte-greffes, des semis sélectionnés issus de noyers communs donnant des noix à bon pouvoir germinatif. Les semis du noyer d'Amérique *(J. nigra)* et du noyer cendré *(J. cinerea)* ont également fait leurs preuves. L'intérêt de la multiplication par voie végétative réside essentiellement dans le fait que le nouvel individu conserve les qualités de la plante mère, qu'il atteint des dimensions moins importantes et que sa mise à fruits est plus rapide.

Les noyers prospèrent dans les régions dont la température annuelle est de 9 à 10 °C, et de 16 °C pendant la période végétative. Au cours de la période de repos végétatif, ils tolèrent une baisse de température jusqu'à −26 °C. Grâce à cette grande capacité d'adaptation aux conditions climatiques, le noyer peut être cultivé même dans les régions situées plus au nord, à des températures plus basses que le pêcher ou l'abricotier. Il a besoin de beaucoup d'eau pour assurer le processus de photosynthèse et le développement de sa vaste cime. Il supporte la sécheresse, mais s'il manque d'eau en permanence, l'arbre s'affaiblit et pousse lentement ; un taux de précipitations de 700 à 900 mm est idéal. Les sols profonds, argileux, argilo-limoneux ou argilo-sableux conviennent bien à sa culture.

La variété *tenera* est un arbre à cime étalée, moyennement dense. Les rameaux d'un an peu épais sont marron clair ou couleur chocolat (1). Les lenticelles grises, linéaires, sont disposées dans le sens de la longueur. Les grosses feuilles imparipennées comportent 5, 7 folioles ou plus. Le bord du limbe est entier. Les chatons mâles sont longs, très abondants.

3

2

1

Les fleurs femelles sont regroupées par 2 à 4 dans les inflorescences. Les fruits assez gros (2) sont largement ovés ou ovales, terminés par une pointe bien marquée. La coque jaune sable (3), entièrement occupée par le cerneau, se casse facilement. Le cerneau est protégé par une peau marron clair. Son goût est très agréable, légèrement sucré. La variété *tenera* a donné des formes qui bourgeonnent tard au printemps, échappant ainsi aux gelées tardives. On ne raccourcit pas les arbrisseaux plantés au printemps, pour permettre à la tige de continuer sa croissance par le bourgeon terminal.

Noyer commun, noix Juglandacées
Juglans regia var. *fertilis* *Juglandaceae*

La forme à grappes diffère des autres types de noyer commun par la disposition de ses fruits en grappes de 9 à 24. Plus la grappe est importante, plus les fruits sont petits. Les arbres sont également plus frêles et plus sensibles au gel, mais leur mise à fruits est plus rapide. La forme à grappes, fréquente dans tous les groupes de noyers, est toutefois très rare chez la variété *maxima*. Les noyers à grappes les plus communs sont la variété *racemosa* à coque dure et grappes de 8 à 20 noix, puis la variété *fertilis* à coque solide, moyennement dure, qui présente de 9 à 28 noix par grappe.

Le moment de la récolte des noix dépend de leur utilisation ultérieure. Selon le temps et la variété, les noix mûrissent sur l'arbre en deux à trois semaines. Les noix fraîchement cueillies contenant de 30 à 40% d'eau, l'excès d'eau doit être éliminé par séchage pour éviter la moisissure et la décomposition de l'huile présente dans le cerneau. Les noix convenablement séchées ne renferment plus que de 7 à 8 % d'eau. Traditionnellement, on fait sécher les noix au soleil pendant deux à quatre semaines. Elles doivent être disposées en couche simple, tout au plus double sur un filet, pour permettre à l'air de circuler en dessous. On peut également faire sécher les noix dans des locaux secs, bien aérés. Le séchage à la chaleur artificielle de 30 °C est déconseillé, car les noix, trop sèches, se rabougrissent. On les stocke de préférence dans des filets de 5 à 10 kg, la température d'entreposage étant de 2 à 3 °C. On peut conserver les noix de cette façon pendant un an et demi. Entreposées dans des locaux chauffés, elles perdent leur valeur nutritive en quelques semaines.

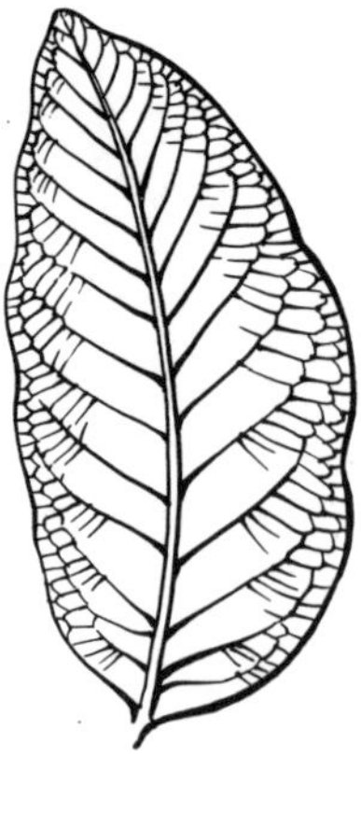

1

Les arbres de la variété *fertilis*, de moyenne ou de petite taille, possèdent des cimes majestueuses, globuleuses et peu fournies. Les rameaux d'un an, presque droits, sont forts, marron foncé. Les lenticelles gris clair, de taille moyenne, sont peu abondantes. Les feuilles moyennes (1), imparipennées, se composent de 5,7 folioles et plus. Le limbe lisse présente

2

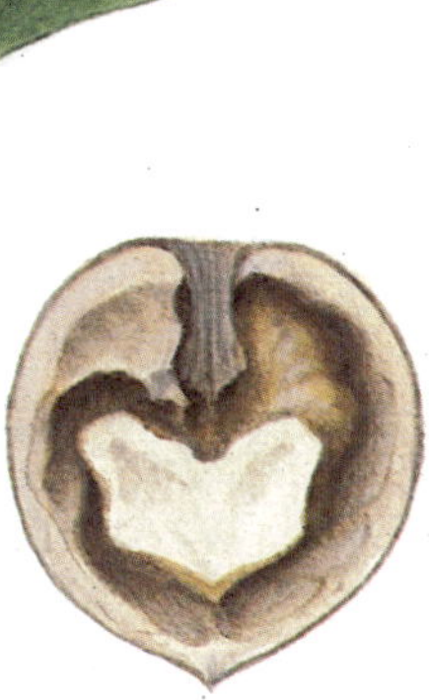

3

une nervation bien marquée et un bord entier. Les chatons mâles, de longueur moyenne, sont peu nombreux. Les fleurs femelles jaune-vert pâle sont regroupées par 9 à 29 dans les inflorescences. Les fruits plutôt petits (2 et 3, en coupe) sont presque sphériques, voire ovales, sans pointe marquée. La coque marron clair, presque lisse, est moyennement dure ou dure. Le petit cerneau remplit bien la coquille. Il est recouvert d'une peau marron clair. Son goût est délicieux, légèrement sucré. Les noix sont faciles à conserver. On plante la variété *fertilis* en respectant les mêmes règles que pour les autres noyers.

Litchi Sapindacées
Litchi chinensis Sonn. *Sapindaceae*

L'espèce est originaire de Chine d'où elle s'est répandue en Indochine, dans le sud du Japon et le nord de l'Inde. De nos jours, on trouve des cultures isolées dans le sud-est de l'Australie, en Afrique orientale, au Brésil et en Floride. Le litchi a besoin de conditions climatiques spécifiques caractérisées par des étés tropicaux humides et des hivers subtropicaux sans gelées qui stimulent la floraison de l'année suivante. Le plus fort des précipitations annuelles doit tomber au cours du printemps et de l'été. Sans exigences particulières en ce qui concerne la qualité du sol, le litchi préfère toutefois les terres humides, plutôt acides. Le mode de multiplication le plus fréquent est végétatif. On le reproduit par marcottage aérien ou par écussonnage sur semis appartenant à la même espèce. Depuis quelque temps, on essaie de le multiplier par bouturage.

L'arille, qui représente 70% du poids total du fruit, contient de 0,7 à 1,1% de protéines, de 12 à 21% de glucides, 1,16% environ d'acides organiques, 2,25% de fibres et 0,7% de sels minéraux. On décèle des traces de vitamine C, la teneur en provitamine A étant de 0,01 mg pour 100 g et en vitamine PP de 0,2 mg pour 100 g. La teneur en phosphore, en calcium et en fer est également assez importante. La valeur énergétique de la pulpe est de 43 calories pour 100 g. On récolte les fruits avec les rameaux avant qu'ils ne parviennent à maturité ; c'est la seule façon de leur faire supporter le transport et l'entreposage, les fruits ne se conservant que pendant trois jours à la température de 20 °C. Les litchis constituent un excellent fruit de table qu'on consomme essentiellement frais. Cependant, on peut également les manger séchés ou confits, ou les conserver au sirop. Pour cela, on doit utiliser des fruits bien mûrs qu'on débarrasse de la peau et du noyau.

Le litchi est un arbre qui mesure de 10 à 15 m. Ses feuilles paripennées (1) comptent de 2 à 4 paires de folioles ovales ou allongées. Les jeunes feuilles sont rouge bronze, alors que les vieilles feuilles deviennent vert foncé. Les fleurs dépourvues de pétales (2) possèdent 4 ou 5 sépales. Sessiles, elles sont petites, blanches, teintées de vert, disposées en panicules terminales par centaines. Certaines d'entre elles sont bisexuées, mais la plupart sont des fleurs femelles. Le fruit à noyau (3), ovale ou elliptique, mesure de 28 à 50 mm et pèse de 15 à 35 g.

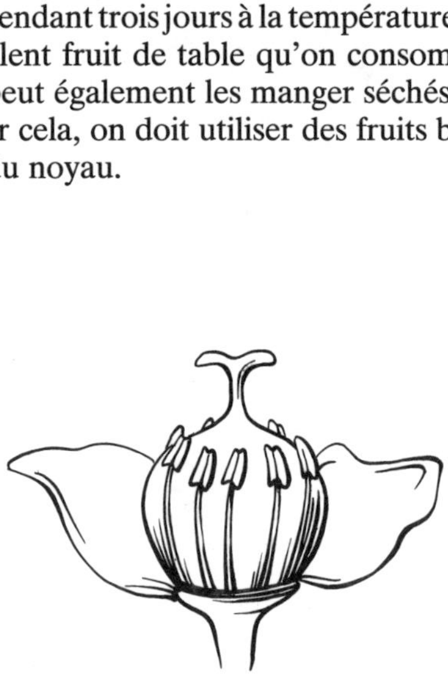

2

L’enveloppe fine, semblable à une coquille, est régulièrement verruqueuse, rouge clair ou rouge foncé. L’arille blanc ou rosé (4, en coupe) est transparent, juteux, sucré ou acidulé. Son parfum délicat rappelle celui de la fraise et de l’ananas. L’arille renferme une graine assez importante, brillante, brun foncé.

Chèvrefeuille

Lonicera kamtschatica (Sevast.) Pojark.

Caprifoliacées
Caprifoliaceae

Comme son nom l'indique, l'espèce est originaire du Kamtchatka, mais existe également sur les îles Kouriles et dans la région de Magadan. Nous devons la sélection de ses cultivars et son introduction dans l'arboriculture aux chercheurs de l'Institut de recherche pomologique de Barnaul en Sibérie et du centre de I.P. Pavlov de Saint-Pétersbourg. Les fruits de l'arbuste sont plus abondants sur les rameaux d'un an, la mise à fruits ayant lieu trois ans après la plantation. Les fruits de la plupart des variétés ayant tendance à tomber avant leur maturité complète, il est recommandé de procéder à des récoltes successives, tous les trois jours.

Les fruits commencent à mûrir dès la seconde moitié du mois de mai, de dix à quatorze jours avant les fraises et les variétés hâtives de cerises. Ils contiennent de la vitamine C (de 45 à 50 mg pour 100 g), des vitamines B, de la rutine (vitamine P) et des sels minéraux. La teneur en rutine est particulièrement élevée. La vitamine P devient active à des concentrations variant de 640 à 900 mg pour 100 g. Les fruits sont largement utilisés en cuisine. La pharmacopée populaire russe les utilise depuis longtemps comme remède naturel pour fortifier les artères, combattre les troubles digestifs et la fatigue printanière. On consomme également les fruits de l'espèce *L. edulis,* frais ou cuisinés.

2

Lonicera kamtschatica (1) est un arbuste à croissance moyenne, assez touffu, haut de 1 à 1,50 m. Son système racinaire est superficiel. Les feuilles vert foncé sont lancéolées, avec un limbe au bord denté. En automne, elles sont colorées par l'anthocyanine. Les fleurs hermaphrodites (2, en coupe), tubuleuses, aux pétales blanchâtres, mesurent de 10 à 12 mm.

1

3

Elles apparaissent le plus souvent par deux, rarement seules. Le fruit (3, en coupe) est une baie bleu foncé de forme cylindrique. Elle pèse en moyenne de 0,65 à 1,4 g et mesure de 15 à 20 mm. La chair renferme de 8 à 15 petites graines marron clair. Le fruit est acidulé, légèrement aromatique.

Pommier (variétés d'été) Rosacées
Malus domestica *Rosaceae*

Les premiers pommiers furent sans doute cultivés en Transcaucasie, en Iran et dans l'ouest du Turkestan. Dès le début des temps historiques, ces pommiers d'assez bonne qualité se répandirent en Asie Mineure d'où ils pénétrèrent en Europe en passant par la Grèce et l'Italie. Dans l'Antiquité, les Romains, qui pratiquaient déjà le greffage, participèrent à l'extension des pommiers sélectionnés en Europe. Dans un premier temps, les pommiers furent cultivés dans les jardins des monastères et ce n'est qu'au XIVe siècle que leur culture connut une certaine expansion. Les pommes, qui comptent parmi les fruits les plus communs, occupent une place importante dans une alimentation équilibrée et renforcent les défenses de l'organisme. Durant l'hiver, elles figurent d'ailleurs parmi les fruits les plus consommés. Les premières pommes sont récoltées en été. Une grande partie d'entre elles entreront dans la préparation de compotes, de cidre, de sirops, de confitures, mais aussi de vins et d'alcools.

1

Le port des pommiers d'été varie selon la variété et le porte-greffe utilisé. Les cimes sont généralement en boule, en boule aplatie ou pyramidales. Les rameaux d'un an sont brun foncé, teintés de vert, mais aussi brun-rouge, légèrement pubescents. Les feuilles sont moyennes ou grandes, ovales ou largement elliptiques. Le bord du limbe est irrégulièrement denté ou denticulé. Les grandes fleurs (1) possèdent des pétales blancs ou rosés. Les fruits moyens ou gros (2) sont largement coniques, globuleux ou aplatis aux pôles.

2

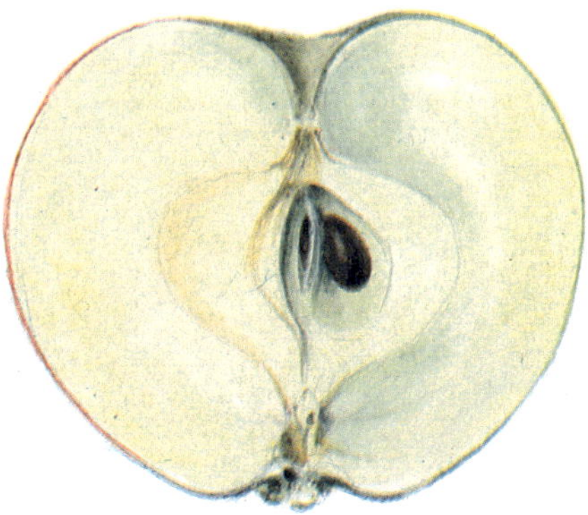

3

Leur peau lisse et brillante est verdâtre ou jaune, rehaussée d'une grosse tache ou de striures rouges. La drupe parfumée (3, en coupe) blanche, verdâtre ou jaune est délicate et juteuse, d'un goût aigrelet ou acidulé. On plante les variétés d'été en automne, en respectant les distances 3 à 5 x 1,20 à 4 m, en fonction de la forme et du porte-greffe utilisé. Parmi les variétés les plus connues citons D'été Rougeur de Pêche, Borowitsky, Astracan Rouge, Delbarestival, Transparente de Croncels, Summered, Tyneman's Early et les rares Pomme d'août et Calville Blanc d'été.

Pommier (variétés d'automne) — Rosacées
Malus domestica — *Rosaceae*

Les variétés d'automne ont la même origine que les autres pommiers, mais leur aire d'extension est plus vaste et leur culture plus fréquente que celles des variétés d'été. Un environnement adéquat pour leur croissance et leur développement est la condition indispensable à leur prospérité. Par environnement, on entend la lumière, la chaleur, l'eau, l'air, le sol et l'emplacement, soit un ensemble de facteurs écologiques et biologiques.

Le pommier nécessite des sols riches en matières nutritives, suffisamment aérés, avec de bonnes réserves d'eau, argileux, argilo-limoneux, moyennement lourds voire lourds. Il apprécie les terres neutres, éventuellement très légèrement acides. Les pommiers les plus exigeants en matière de sol sont ceux qu'on multiplie sur des porte-greffes obtenus végétativement (M 27, J-TE-F, G)[1]. Les pommiers greffés sur semis s'accommodent des sols plus pauvres, car ils possèdent un système racinaire profond. Les régions situées entre 200 et 350 m d'altitude avec une température annuelle moyenne supérieure à 7,5 °C et un taux de précipitation annuel de 550 à 800 mm sont les plus favorables à la culture des pommiers. Toutefois, on les cultive même dans les régions périphériques de leur aire d'extension où la température annuelle approche de 6 °C et l'altitude de 600 m. Dans ces conditions, il faut, bien entendu, attacher une grande importance au choix des variétés.

1. Les lettres font référence aux stations de recherche (Exemple : M pour la station John Innes à Merton, en Grande-Bretagne), les nombres identifient le porte-greffe et indiquent sa vigueur.

2

Le développement des pommiers d'automne est déterminé par le choix du porte-greffe. Les cimes sont pyramidales ou en boule, selon la variété. Les rameaux d'un an sont brun rougeâtre, brun olivâtre à la base et légèrement pubescents aux extrémités. Les feuilles se terminent par une pointe allongée, leur bord est denticulé ou doublement denticulé, ou encore découpé en dents de scie aux pointes arrondies. Les fleurs moyennes ou grandes présentent des pétales rosés ou blancs, creusés en écuelle et souvent terminés par

1

3

une faible pointe. Les fruits de taille moyenne ou gros (1) sont globuleux ou largement coniques. Leur peau lisse, brillante ou mate, est d'abord jaune-vert pour se teinter de jaune sur des fruits bien mûrs. Leur côté exposé au soleil porte une tache qui peut adopter toutes les nuances de rouge. La drupe aromatique (2, en coupe), jaune pâle ou verdâtre, est délicate, très juteuse, d'un goût aigrelet ou acidulé. Les pépins bien dévcloppés (3) sont marron foncé. Les variétés Gravenstein, Reine des Reinettes, Akane et Starkrimson sont les plus célèbres.

Pommier (variétés d'hiver) Rosacées
Malus domestica *Rosaceae*

Les pommiers d'hiver sont ceux qu'on cultive le plus. Actuellement, on classe les pommiers en variétés d'été, d'automne et d'hiver, selon leur période de maturation ; on distingue également les pommes à couteau des pommes à cidre selon leur qualité et destination. Cette dernière distinction n'est d'ailleurs pas tout à fait exacte, car il existe des variétés dont les fruits connaissent une utilisation universelle. Les cultivateurs modernes s'intéressent de plus en plus aux variétés tolérantes et résistantes aux champignons parasites, tels que l'oïdium ou la tavelure. Ces variétés peuvent être cultivées avec un traitement chimique limité pour les préserver des maladies. L'autofécondation étant impossible, la pollinisation doit être croisée, et requiert par conséquent la présence d'une autre variété. Le choix de cette dernière est capital pour assurer une bonne récolte. Pour être réussie, la pollinisation nécessite un pollen au bon pouvoir germinatif, une période de floraison simultanée chez les deux variétés et un temps favorable permettant aux abeilles de butiner les fleurs. Dans les petits vergers où les variétés sont représentées en abondance, le problème de la compatibilité des variétés au moment de la fécondation ne se pose pas. Néanmoins, il vaut mieux connaître la nature de ces relations de compatibilité pour faire le bon choix. La culture des pommiers est tributaire des porte-greffes, eux-mêmes multipliés par semis ou par voie végétative. Dans la première catégorie, on trouve les porte-greffes suivants :

	distance de plantation
J-KL-1, 2, 3, 4, J-TE-1, 2 [1]	5 à 6 × 4 à 5 m

La seconde catégorie comporte les porte-greffes :

		distance de plantation
nains	M 27, J-TE-F, G	3 × 1 × 1,50 m
à croissance très lente	M 9, J-TE-H, J-OH-A, J 9	3 × 1,50 m
à croissance lente	M 26	4 × 2,50 m
à croissance moyenne	M 4, 7, J-TE-B, MM 106	4 × 3 m
à croissance rapide	M 1, 2	4 × 3,50 m
à croissance exubérante	A 2, J-TE-C, M 11	5 × 4 m

1. Voir Note page 100.

3

La croissance des pommiers d'hiver dépend du porte-greffe utilisé. Les arbres possèdent des cimes en boule, en boule haute, pyramidales, etc. Les rameaux d'un an (1) sont brun-rouge, brun-vert ou argentés en fonction de la variété. Les feuilles (2) sont le plus souvent grandes, obovées, elliptiques, terminées par une pointe acérée. Le bord du limbe est en dents de scie ou denticulé. Les grandes fleurs possèdent des pétales blancs aux nervations rouges ou violacées bien visibles. Les fruits moyens ou grands (3) sont globuleux, globuleux aplatis aux pôles, largement coniques ou coniques à côtes saillantes. La peau jaune est couverte de striures rouges ou marquée par une large tache rouge. La chair parfumée est blanche ou jaunâtre, délicate et juteuse, acidulée ou aigrelette. Parmi les variétés les plus connues, citons Golden Delicious, Idared, Belle de Boskoop, Calville Blanc, Reinette grise de Saintonge, Melrose, Winter Banana, Reinette du Mans et Jonagold.

1

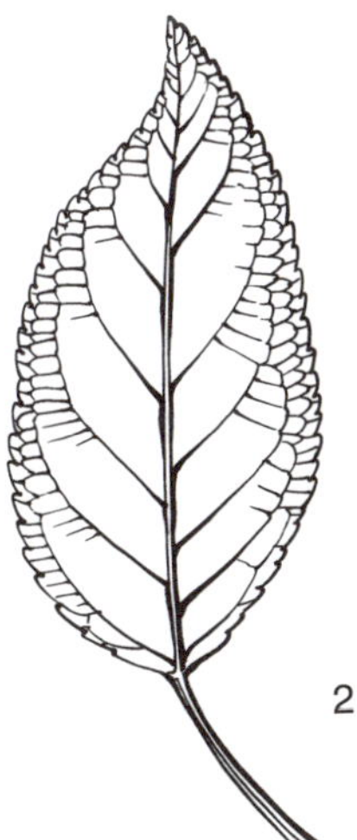

2

Manguier, mangue Anacardiacées
Mangifera indica L. *Anacardiaceae*

La mangue compte parmi les fruits les plus courants des régions tropicales du monde entier et, dans de nombreux pays, sa production se place immédiatement après celle des bananes. Dans le Sud asiatique, surtout en Inde, on préfère la mangue à tout autre fruit, et les plantations de manguiers occupent 65% de la totalité des terres destinées à l'arboriculture. Le manguier est originaire de la région indo-birmane située au pied de l'Himalaya et soumise à la mousson, où il pousse toujours à l'état sauvage. La mangue, appelée aussi reine des fruits tropicaux, est disponible toute l'année sur les marchés des pays industrialisés. La pulpe fraîche de la mangue est particulièrement précieuse pour sa teneur en glucides (de 11 à 20%), et en provitamine A (quelque 3,1 mg pour 100 g). Sa valeur énergétique est de 52 calories pour 100 g.

On consomme les fruits mûrs frais, associés aux agrumes, à l'ananas, à la papaye, etc. Par ailleurs, ils se prêtent à la préparation de jus, de marmelades, de gelées et de sirops, ainsi que de cocktails, de salades, de purées de fruits, de vin et d'eaux-de-vie. On peut les conserver au sirop, comme fruits confits ou encore par séchage et par congélation. Les mangues vertes servent à la fabrication de marinades ou de chutney, préparation sucrée ou piquante qui accompagne et relève les plats. L'une des innombrables recettes de chutney mélange mangue, sucre, sel, épices séchées, piment et gingembre frais. La pulpe mélangée au curcuma *(Curcuma longa)* donne une poudre nommée *amchur* qu'on ajoute comme condiment dans les potages et les sauces. En Inde, on consomme également les graines qui, une fois débarrassées de leur enveloppe parcheminée, ont la saveur d'une amande amère et peuvent être moulues en farine. Les feuilles sont utilisées comme fourrage en complément de nourriture pour le bétail. L'urine du bétail est ensuite recueillie : c'est un excellent pigment jaune naturel qu'on utilise pour teindre tapis et tissus.

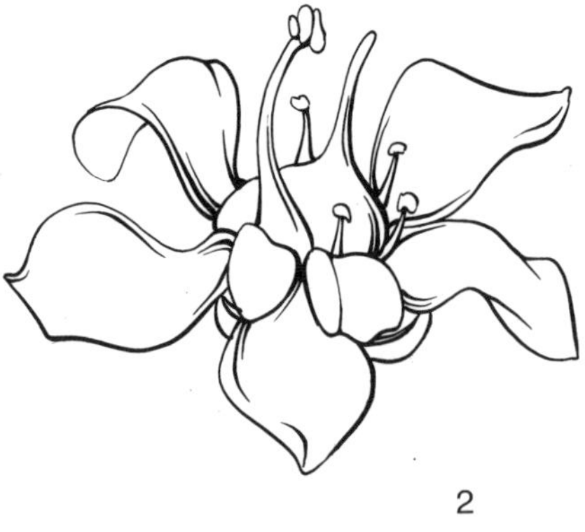
2

Le manguier est un arbre semper virens, haut de 10 à 30 m, parfois plus. Sa cime ovale ou sphérique est touffue. Les feuilles lancéolées ou elliptiques (1) sont courtement pétiolées. Les vieilles feuilles, coriaces et brillantes, sont vert foncé, alors que les jeunes feuilles, délicates, sont couleur bronze. Les panicules terminales regroupent de 800 à 5 000 petites fleurs jaunâtres ou rosées, à 5 pétales (2). Elles

1

3

sont bisexuées ou mâles. Dans chaque inflorescence, seules de 1 à 10 fleurs se transforment en fruits. Le fruit à noyau (3) ovoïde, globuleux ou réniforme, est généralement aplati et incurvé. Il pèse de 200 g à 2 kg. Sa peau est verte, jaune, orange ou rouge, bien ferme. La pulpe charnue et juteuse est sucrée et piquante. Parfois fibreuse, elle a aussi une saveur de térébenthine. La chair loge un noyau plat ou réniforme, protégé par une enveloppe parcheminée ou ligneuse.

Néflier, nèfle Rosacées
Mespilus germanica L. *Rosaceae*

L'espèce originelle pousse aujourd'hui encore dans les sous-bois, à l'orée des forêts caduques du sud-est et du centre de l'Europe où elle a été importée de sa patrie située en Asie Mineure. Le néflier est un arbuste ou un arbrisseau rameux étalé dont la hauteur varie entre 3 et 5 m. Les néfliers de culture sont le plus souvent greffés sur le cognassier et le poirier cultivé ou spontané. Sans être exigeants en ce qui concerne la nature du sol, ils fructifient bien sur les substrats calcaires légers des terrains ensoleillés. Leurs grandes fleurs blanches s'épanouissent entre mai et juin. Leurs fruits, de petites drupes piriformes, peuvent rester sur les arbres en automne, car on peut les consommer frais ou cuits même après les premières gelées. On en prépare le plus souvent des sauces piquantes et une sorte de vin. À l'instar des poires, on peut les sécher. Les nèfles contiennent 75 % d'eau, 7,5 % de fibres, jusqu'à 10 % de sucres, des substances azotées et des acides organiques, parmi lesquels prédomine l'acide malique. Le néflier est une plante extrêmement décorative, compte tenu de sa taille moyenne s'il est greffé ou écussonné sur le cognassier, de ses belles fleurs, de ses fruits originaux et de ses feuilles dont la couleur varie, en automne, du jaune doré au rouge écarlate.

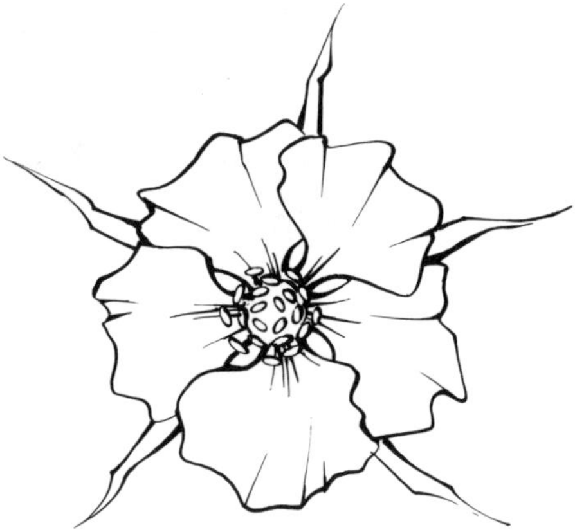
1

Les cultivars de néflier sont de taille moyenne, les arbres ne dépassant pas 4,50 m de haut. Les feuilles lancéolées, entières, sont rigides, tomenteuses sur la face inférieure. Les grandes fleurs (1) qui mesurent jusqu'à 4 cm de diamètre, ont des pétales blancs. Les drupes piriformes (2 et 3, en coupe) sont brun-roux, avec une peau rugueuse. Elles présentent au

2

3

sommet un important calice résiduel. Les variétés le plus souvent cultivées sont Nottingham (dont les fruits atteignent 5 cm de diamètre), Monstrueuse d'Evreinoff, Précoce, Tardive, À gros fruits et À petits fruits. Les fleurs du néflier sont souvent attaquées par les insectes.

Mûrier blanc, mûre — Moracées

Morus alba — *Moraceae*

Originaire de Chine, le mûrier blanc s'est répandu en Asie centrale. Au XIIe siècle, il fut introduit en Europe du Sud et, beaucoup plus tard, en Europe centrale. On le cultive depuis une époque très ancienne pour l'élevage du ver à soie qui se nourrit de ses feuilles, celles du mûrier noir *(Morus nigra)* ne convenant pas à cet usage. La soie sauvage sécrétée par la larve du bombyx du mûrier est une matière première très recherchée aujourd'hui encore. Le mûrier blanc est un arbre utile sous maints aspects. Ses fruits contiennent jusqu'à 84% d'eau, quelque 9% de sucre, 1,9% d'acide malique, ainsi que des sels minéraux, des vitamines B et C, des tanins et des pectines. Les résultats obtenus dans le traitement des maladies cardio-vasculaires expérimentés par les médecins russes témoignent des vertus curatives des mûres administrées comme seul remède aux malades (ils consommaient jusqu'à 500 g de mûres par jour). Ils ont constaté une nette amélioration dans les cas où la digitaline (extrait de la digitale) n'agissait plus. Par ailleurs, ils ont observé une amélioration de l'excrétion urinaire et de l'œdème hépatique. Les mûres combattent également la constipation et les infections de la cavité buccale (on les utilise alors sous forme de gargarisme).

Traditionnellement, on récolte les mûres en secouant l'arbre pour les faire tomber sur un drap tendu sur le sol. Il faut les utiliser immédiatement, car elles s'abîment rapidement. On les traite comme les mûres sauvages de la ronce, en diminuant toutefois les doses de sucre. Elles se prêtent à la préparation de fruits au sirop, de marmelades et de vin, le plus souvent en association avec d'autres fruits. On mêle le jus des mûres noires à d'autres jus de fruits pour en activer la couleur. L'industrie utilise les mûres pour la fabrication de jus de fruits concentrés, de sirops soignant les maux de gorge, de vins, de colorants alimentaires et de vinaigre. Dans les régions de culture du sud de l'Europe, elles servent d'aliment pour nourrir le bétail et les volailles.

1

Le mûrier blanc est un arbre haut de 10 à 15 m, à la cime étalée, rarement un arbuste. Les rameaux d'un an, constellés de lenticelles claires, sont gris-vert ou ocre, les rameaux plus anciens sont gris. Les feuilles alternes sont lisses, brillantes, d'un vert sombre sur la face supérieure, vert pâle sur le dessous. Elles sont diversement lobées ou entières, largement ovées. Le bord du limbe est irrégulièrement denté.

2

3

Les fleurs tétramères, unisexuées ou monoïques, sont regroupées en une inflorescence en épis court (1). Les fleurs femelles se composent de 4 bractées squamiformes, d'un pistil à 2 stigmates et de l'ovaire supère. Les fruits très sucrés (2 et 3) se développent sur un long pédicelle. Ils mûrissent progressivement, parfois pendant plusieurs semaines. Le même arbre peut donner simultanément des mûres blanches, noires et rouges. Les fruits du mûrier blanc sont plus petits que ceux du mûrier noir. On plante les arbrisseaux ou les arbustes en automne, en les espaçant de 6 à 10 m, en fonction dc la forme utilisée. Le mûrier blanc se multiplie par greffage en écusson sur des sujets de bonne qualité à gros fruits issus de semis.

Mûrier noir, mûre — Moracées

Morus nigra — *Moraceae*

Le mûrier noir est originaire d'Iran et d'Afghanistan. De nos jours, il est surtout cultivé comme arbre fruitier en Italie et en Grèce où on le plante pour bénéficier de son ombre. On le distingue du mûrier blanc par ses feuilles et par ses fleurs : les stigmates pubescents ont la même longueur que les autres parties constituantes de la fleur, alors que les stigmates des fleurs du mûrier blanc, recouverts d'une pilosité courte, sont deux fois plus courts que les autres éléments floraux glabres. Une nouvelle espèce connue sous le nom de *Morus trnaviensis* a été décrite en 1948. Elle provient des environs des petites Carpates, près de Bratislava, en République slovaque, et se distingue par de grosses feuilles rigides, presque coriaces, et par une cime majestueuse. Elle résiste bien au gel, se régénère bien si elle a été endommagée par le froid. Ses fruits, qui mesurent de 3 à 5 cm, sont juteux, rouge violacé, d'un goût excellent. L'arbre se multiplie par marcottage.

Les propriétés et l'utilisation des fruits du mûrier noir sont les mêmes que chez le mûrier blanc. Les mûres noires ont l'aspect de mûres sauvages allongées. Aux dires de certains, leur goût aigre-doux est plus agréable que celui, doux et fade, des mûres blanches. Le mûrier est très exigeant en matière de chaleur et d'ensoleillement. Il prospère particulièrement bien dans les régions viticoles, sur les sols profonds, riches en matières nutritives, humides, sablo-argileux ou argilo-sableux. Ses formes arbustives se multiplient facilement par marcottage ou par boutures ligneuses, le mode de multiplication le plus fréquent restant le greffage en écusson sur œil dormant, comme chez les autres arbres fruitiers. Lors du greffage, un important bourrelet se forme à l'emplacement de la suture car le porte-greffe croît plus vite que le greffon.

1

Le mûrier noir est un arbre à cime étalée, haut de 12 à 15 m. Les rameaux d'un an sont jaune-brun ou olivâtres. Les grandes feuilles (1) sont largement ovées, alternes, le plus souvent entières, parfois lobées et irrégulières. Elles sont vert foncé sur le dessus, rugueuses avec un bord grossièrement denté et plus rigides que celles du mûrier blanc. Les fleurs

2

3

monoïques sont tétramères. Les fleurs femelles se transforment en un fruit multiple, la mûre, qui devient mauve foncé ou noire à maturité. Les mûres (2 et 3) mesurent de 2 à 2,5 cm. Ce sont des fruits courtement pédonculés, composés de nombreuses drupéoles. Leur goût doux et fade caractéristique devient parfois acidulé. La maturation, progressive, s'échelonne de juillet à septembre. La principale différence entre le mûrier blanc et le mûrier noir réside dans les feuilles. Celles du mûrier noir sont mates et pubescentes sur le dessous, alors que le mûrier blanc possède des feuilles lisses et brillantes. On plante les arbustes et les jeunes arbres du mûrier noir selon les mêmes principes que ceux de l'espèce précédente. Le mûrier noir se multiplie par greffage en écusson sur des mûriers blancs aux qualités confirmées.

Bananier, banane Musacées

Musa x *sapientum* L. *Musaceae*

Le bananier est représenté par près de trente espèces, spontanées pour la plupart. Originaire du Sud-Est asiatique, il s'est disséminé dans les régions tropicales du monde entier. Les bananes sont un aliment essentiel pour près d'un milliard de personnes qui en mangent tous les jours, fraîches ou cuites. Certaines espèces sont réservées à l'alimentation des bovins et des porcins, d'autres donnent des fibres ou des tanins. Localement, les grandes feuilles du bananier sont un important matériau de couverture pour les constructions et servent également à envelopper les mets. Le bananier figure aussi parmi les plantes ornementales caractéristiques des régions tropicales. Il nécessite une température élevée de l'air et du sol, ce dernier devant être perméable, humide, riche en matières nutritives, acide ou neutre. Il se multiplie végétativement par rejetons qui se forment autour du faux tronc, à partir de la tige souterraine.

Les bananes fraîches bien mûres contiennent de 64 à 75% d'eau, de 0,8 à 1,5% de protéines, de 0,25 à 0,5% de matières grasses, de 19 à 25% de glucides (saccharose, fructose et glucose principalement), 0,2% de fibres, 0,8% de sels minéraux, de la provitamine A (0,04 mg pour 100 g), des vitamines B 1 (0,04 mg pour 100 g), B 2 (0,07 mg pour 100 g), B 12 (0,6 mg pour 100 g) et de la vitamine C (10 mg pour 100 g). Leur valeur énergétique est de 85 calories pour 100 g. Les bananes sont consommées fraîches, séchées ou confites, en compote et en purée. Elles ne conviennent pas à la préparation de sirops, de confitures et de gelées. Dans certaines régions, on en fait des boissons alcoolisées. On les apprécie également comme légume qu'on fait frire dans l'huile ou le beurre jusqu'à ce que le sucre caramélise. La partie apicale de l'inflorescence formée par des fleurs mâles non développées sert couramment dans les pays tropicaux à la préparation de salades ou de garnitures. On extrait des rejetons une sorte d'amidon qu'on utilise dans la fabrication de pâtes alimentaires.

Le bananier est une plante herbacée vivace qui atteint 10 m de haut. Il possède un faux tronc constitué par les gaines des feuilles emboîtées les unes dans les autres et engendrées par un grand bulbe souterrain. Les feuilles présentent des limbes de 2 à 5 m de long, allongés et rétrécis aux deux extrémités. Leur bord entier est déchiqueté par le vent. Une tige florale s'allonge au centre du faux tronc pour s'épanouir à l'air libre sous la forme d'une inflorescence (1) qui comprend une série de spathes disposées en hélice, chacune enfermant un groupe de fleurs. Les 5 à 15 premières spathes enveloppent des fleurs hermaphrodites (2). Viennent ensuite les fleurs hermaphrodites stériles, toute l'inflorescence s'achevant par les fleurs mâles (3) dont le nombre peut atteindre 150. Les fleurs du bananier, au calice soudé, sont couleur de cire ou rosées. Les deux rangées transversales de fleurs sont protégées par des spathes roses ou violacées. Le fruit (4 et 5, en coupe) est une baie de taille et de forme variables.

1

5

4

Originaire de Malaisie, le ramboutan est cultivé aujourd'hui dans de nombreuses régions tropicales, principalement en Asie du Sud-Est. On le considère comme l'arbre fruitier tropical par excellence. Le ramboutan nécessite une bonne température tout le long de l'année, de sorte qu'on le cultive surtout sur les basses terres ou, tout au plus, sur les collines des régions équatoriales. Pour sa croissance et son développement, il exige de fortes précipitations distribuées régulièrement sur toute l'année. Si ce n'est pas le cas, des arrosages s'imposent. Sans exigences affirmées en matière de sol, il n'en prospère pas moins sur des terres pauvres et sableuses. Le ramboutan se multiplie essentiellement par greffage en écusson, pratiqué de préférence pendant la saison humide. La multiplication par semis est déconseillée car la nouvelle génération se compose d'individus bisexués extrêmement variables dans leurs caractères et leur qualité. L'arille du fruit se mange frais, mais on le conserve également au sirop et on en fait des jus, des confitures et des vins. Les graines contiennent jusqu'à 37 % d'une huile utilisée par l'industrie alimentaire. Les différents organes de la plante figurent dans la pharmacopée populaire, les fleurs attirent les abeilles.

Le pulasan *(N. mutabilis)*, espèce apparentée au ramboutan, provient de la même région. On le cultive surtout à Java, moins sur les autres îles de l'Indonésie et en Thaïlande. Il est peu représenté dans les autres régions tropicales du monde. Le pulasan est un écotype aux exigences strictes quant à son milieu. La température idéale pour sa culture est proche des conditions de Bogor (Java occidentale) où l'amplitude des variations annuelles de température ne dépasse pas 1 °C. Ses exigences en matière de sol et ses modes de multiplication sont identiques à ceux du ramboutan. Le fruit du pulasan est considéré comme l'un des fruits exotiques les plus délectables. On consomme au naturel, ou éventuellement en conserve, l'arille jaunâtre, juteux, au goût sucré et relevé.

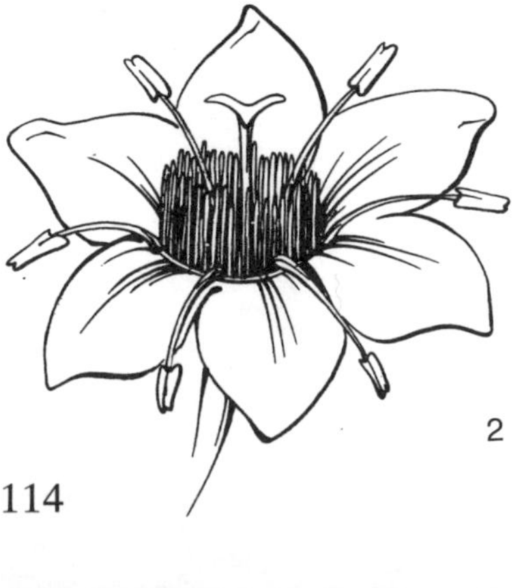
2

Le ramboutan est un arbre bas ou moyen des régions équatoriales, aux rameaux brun-rouge, fortement tomenteux. Ses feuilles (1), le plus souvent irrégulièrement paripennées, comportent de 2 à 4 paires de folioles ovales ou ovées dont la couleur varie du vert jaunâtre au vert foncé. Les jeunes feuilles ont une nervation

1

3

4

tomenteuse. Les inflorescences jaune-vert qui s'ouvrent à l'extrémité des rameaux ou à l'aisselle des feuilles sont également couvertes de pilosités clairsemées. Les petites fleurs généralement unisexuées (2) sont parfumées. Le fruit jaune, globuleux ou ovoïde (3 et 4, en coupe), mesure de 5 à 8 cm. L'enveloppe épaisse et rigide est parsemée de piquants mous. Longs ou courts, les piquants sont incurvés vers le fruit. L'arille blanc ou rose, parfumé, au goût acidulé rafraîchissant, renferme une grosse graine.

Figuier de Barbarie, figue de Barbarie Cactacées
Opuntia ficus-indica (L.) Mill. *Cactaceae*

Endémique au Mexique, le figuier de Barbarie a été introduit en Europe au XVIe siècle par les Espagnols. Il s'est répandu dans le bassin méditerranéen, surtout en Sicile où on le cultive dans les environs de Palerme et de Catane sur une surface de 10 000 hectares. Toutefois, on le trouve également dans le midi de la France et en Espagne. C'est une plante caractéristique des climats semi-arides qui prospère à une température de 18 à 28 °C, dans les endroits bien ensoleillés. Le figuier de Barbarie supporte bien les fluctuations de température entre le jour et la nuit, résistant sans dommage aux gelées hivernales de − 5 °C. Cependant, sa capacité de résistance au gel est, dans une certaine mesure, déterminée par la teneur en eau de sa tige articulée. Le figuier de Barbarie est très modeste en matière de sols, et on le fait pousser sur des terrains inutilisables pour la culture d'autres plantes à fruits. Il a néanmoins besoin d'une terre riche en calcaire. On peut le multiplier par semis bien que, dans la pratique, on le reproduise plutôt par les fragments de tige qu'on prélève sur la plante mère. On les dispose dans un endroit sec pour permettre à la coupe de se cicatriser en se couvrant d'une croûte semblable à du liège. On les plante ensuite dans un substrat léger, chauffé de préférence par le bas, en leur assurant de l'ombre et un degré d'humidité atmosphérique relativement élevé. Il faut surveiller les fleurs et les fruits, car pendant la canicule estivale qui entraîne la sécheresse, les fruits issus de la première floraison sont petits et desséchés.

Bien mûres, les figues de Barbarie se mangent fraîches. On peut aussi les faire cuire ou sécher, en faire des marmelades, des sirops, des jus et des boissons alcoolisées dont la célèbre tequila. Dans tous les cas, il faut les essuyer au préalable pour enlever les soies fines et acérées qui hérissent la surface des fruits. Ces soies sont toutefois absentes chez les fruits de culture. La pulpe contient, entre autres substances, 0,5 % de protéines, 2 % de matières grasses, 14 % de glucides, sa valeur énergétique approchant 57 calories pour 100 g.

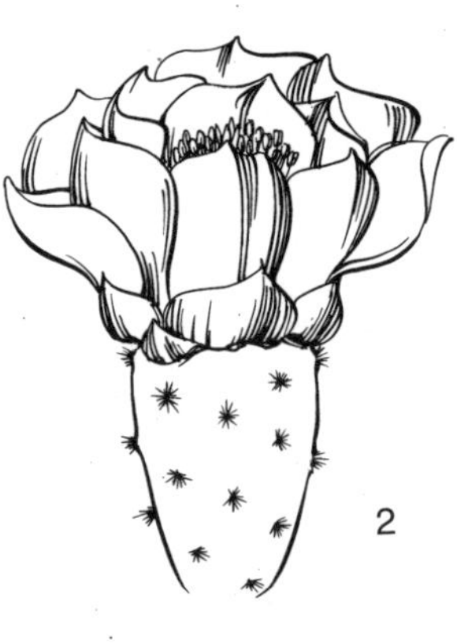
2

Le figuier de Barbarie (1) est un cactus subtropical, robuste et rameux, haut de 1 à 5 m. Sa tige charnue est le plus souvent composée d'articles plats qui peuvent devenir cylindriques. Leur surface lisse est parsemée de façon plus ou moins dense de faisceaux de piquants comportant de fines

3

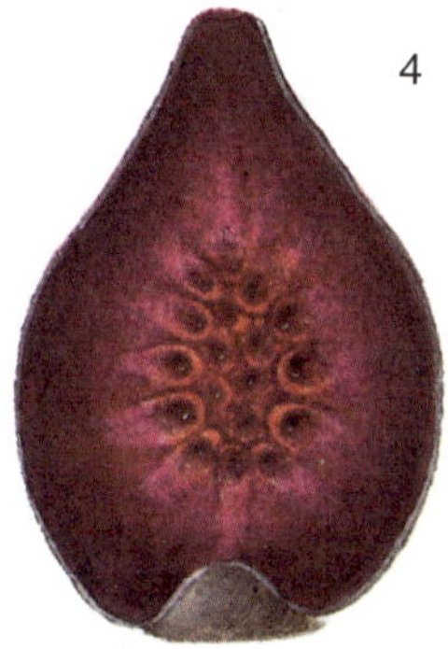

4

1

soies crochues appelées glochides. Les articles terminaux donnent naissance à une multitude de grandes fleurs bisexuées de couleur jaune (2). Le fruit (3 et 4, en coupe) est une baie lisse, ovoïde, allongée ou piriforme pesant de 70 à 300 g ; de couleur variable, il peut être blanchâtre, jaune, rouge, voire mauve-pourpre. La chair blanchâtre et molle, succulente et sucrée, renferme parfois une grande quantité de minuscules graines noires. La pulpe de certains fruits contient de menus cristaux d'oxalate de calcium qui disparaissent dans les fruits de culture. Outre le figuier de Barbarie, le pitahaya ou d'autres cactus du genre *Hylocereus* donnent des fruits comestibles.

Passiflore, fruit de la passion Passifloracées
Passiflora L. *Passifloraceae*

Ce genre très important compte quelque trois cent cinquante espèces, originaires pour la plupart d'Amérique du Sud et d'Amérique centrale. Il s'agit de lianes dont les fruits sont souvent comestibles. Dans de nombreux pays (Brésil, Colombie, Venezuela, îles Hawaii, Nouvelle-Zélande), il existe des plantations de passiflores. Elles poussent sur les basses terres et dans les collines des régions tropicales, certaines formes recherchant des climats subtropicaux influencés par la mousson qui se caractérisent par l'alternance des saisons sèche et humide au cours de l'année. Modestes en matière de sol, les passiflores fructifient aussi bien sur des sols lourds que sur des sols légers, tout en préférant des terres fertiles, profondes et perméables, humides tout le long de l'année. Le mode de multiplication le plus courant dans la pratique est le semis, mais on peut les reproduire facilement par bouturage. Dans les plantations, on cultive les passiflores comme la vigne, en les conduisant sur des fils de fer fixés à 2–2,50 m de haut.

Le fruit de la passion, également appelé grenadille, est un excellent fruit de table. Sa pulpe contient en moyenne 2,4 % de protéines, 2,5 % de matières grasses, 17 % de glucides, de 2,2 à 3,9 % d'acides (acide citrique surtout), 3,7 % de fibres et 1,2 % de sels minéraux. Les fruits de la passion sont source de provitamine A, de vitamine C dont ils contiennent 33 mg pour 100 g, soit la même quantité que les mandarines. La présence de calcium, de phosphore et de fer est également appréciable. Pour les déguster, on coupe les fruits mûrs en deux dans le sens de la longueur pour en extraire l'arille et les graines à la petite cuiller. Le jus des fruits entre dans la composition de différentes boissons (limonades, jus, jus concentrés, etc.) ou relève le goût des fruits ou des jus de fruits plus fades tels que la papaye ou la mangue. On prépare également des glaces, des crèmes et des salades de fruits à base de grenadilles.

Les passiflores sont des lianes tropicales ou semi-tropicales aux très longues tiges sarmenteuses pourvues de vrilles. Les feuilles sont de taille et de forme variables. Les fleurs décoratives (1) à corolle colorée et « couronne » composée de deux enveloppes aux bords effilochés mesurent jusqu'à 8 cm de diamètre. Elles comptent 5 étamines et un ovaire elliptique qui porte à son sommet 3 stigmates écartés, terminés par des petites masses. Le fruit (2) est une

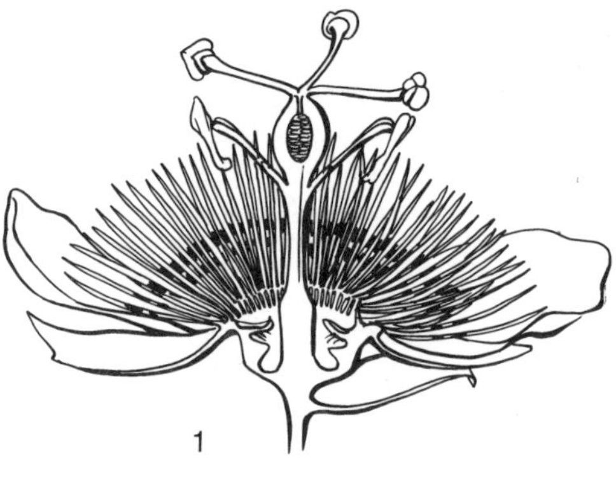
1

baie de couleur, de taille et de forme variables. Sa pulpe enferme un grand nombre de graines plates, enveloppées dans l'arille mucilagineux. La grenadille proprement dite *(Passiflora edulis)*, espèce très commune, est originaire du Brésil, ainsi que la barbadine *(P. quadrangularis)* dont les fruits peuvent peser jusqu'à 2,5 kg. *P. alata* et *P. ligularis,* plus rares, donnent des fruits d'excellente qualité disponibles régulièrement sur les marchés européens.

2

Avocatier, avocat Lauracées
Persea americana Mill. *Lauraceae*

La culture de l'avocatier est étroitement liée aux premiers habitants de l'Amérique centrale, surtout aux Mayas. De nos jours, cependant, l'avocatier pousse dans la plupart des pays tropicaux et subtropicaux, les principaux producteurs d'avocats étant le Mexique, les États-Unis, la République dominicaine et le Brésil. Les besoins de l'avocatier en matière de température varient en fonction de sa provenance tropicale, semi-tropicale ou subtropicale. Il nécessite des sols profonds, perméables, légers ou moyennement lourds, légèrement acides, neutres ou même faiblement basiques (pH 5,5 à 7,5). Le taux de précipitations idéal pour sa culture varie de 660 à 2 000 mm. Il se multiplie par semis, par greffage en écusson, parfois par rejets de la souche ou par bouturage.

La chair de l'avocat contient de 0,8 à 4,4% de protéines, de 5 à 32% de matières grasses, de 1,2 à 10% de glucides, de 1,5 à 2% de fibres et quelque 0,8% de sels minéraux. C'est une très bonne source de vitamines B 2 (0,15 mg pour 100 g), PP (1 mg pour 100 g) et, dans une moindre mesure, de provitamine A (0,03 mg pour 100 g), de vitamine B 1 (0,07 mg pour 100 g) et de vitamine C (15 mg pour 100 g). Sa valeur énergétique, qui peut atteindre 202 calories pour 100 g, est donc deux fois et demie supérieure à celle des bananes, tout en restant aussi digeste. Le lipide présent dans la chair, inodore, a un goût excellent et ne rancit pas. Comme il pénètre facilement dans l'épiderme, c'est une matière première précieuse pour l'industrie pharmaceutique et la fabrication de cosmétiques. Les avocats sont le plus souvent consommés frais : on les coupe dans le sens de la longueur, on enlève le noyau, puis on assaisonne la chair avec un jus de citron, un peu de sauce worcestershire, une pincée de sel et de poivre avant de la manger à la petite cuiller ou de la réduire en purée pour en garnir des toasts. On mange également l'avocat en salade de légumes ou mélangé à d'autres fruits. On l'ajoute aux mayonnaises, aux concentrés de légumes et aux crèmes, on le garnit de farces à base de crème fraîche et de viande. L'avocat séché peut être réduit en poudre, et depuis quelque temps, on sait le congeler.

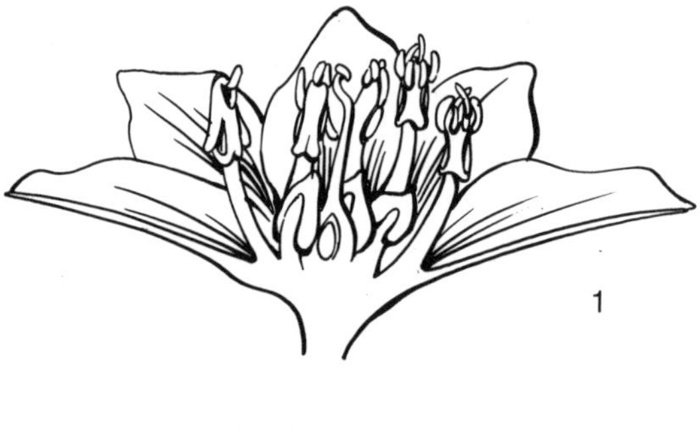

1

L'avocatier est un arbre semper virens subtropical ou tropical haut de 6 à 20 m dont la cime adopte une forme extrêmement variable. Ses feuilles simples et entières sont rouges et tomenteuses lorsqu'elles sont jeunes. Le limbe coriace, vert pâle ou vert foncé, grisâtre sur la face inférieure, est de forme ovée ou elliptique et se termine en pointe. Les petites fleurs bisexuées (1), courtement pédonculées, sont regroupées par 100 à 300 en panicules compactes. La biologie de leur floraison étant très particulière, 0,1% des fleurs seulement parviennent à se transformer en fruits. Le fruit (2) est une baie charnue, globuleuse, ovoïde ou piriforme. L'enveloppe de l'avocat est verte, jaune-vert, brunâtre ou noir-mauve, lustrée ou mate, lisse ou rugueuse. La chair jaunâtre ou jaune présente une consistance qui rappelle le beurre. Douceâtre, elle dégage un parfum délicat. Une grosse graine conique libre est logée dans la chair à laquelle elle adhère fermement (3, coupe longitudinale du fruit).

3

2

Dattier, datte

Palmiers

Phoenix dactylifera L.

Arecaceae

Le dattier est vraisemblablement originaire de Mésopotamie et du sud-ouest de l'Iran. Les premiers témoignages de sa culture en Assyrie et en Égypte datent du IVe millénaire avant J.-C. Son aire de culture actuelle est limitée à l'est par l'Indus et à l'ouest par la côte atlantique du Maroc. Les plus importants producteurs de dattes sont l'Irak, l'Égypte, l'Iran, l'Arabie Saoudite, l'Algérie et le Pakistan. Le dattier trouve des conditions de culture idéales dans les régions arides au climat subtropical continental caractérisées par des canicules estivales extrêmes, au degré hygrométrique très bas, et par une humidité du sol constante tout le long de l'année. Il se montre peu exigeant quant à la qualité du sol, prospérant sur des sols sableux, voire sur du sable. Il s'accommode de sols légèrement basiques, neutres ou faiblement acides et supporte des terres salées, voire même temporairement inondées. Le dattier se reproduit par voie végétative, par les rejetons qui apparaissent sur sa tige à l'aisselle des feuilles. La multiplication par semis est déconseillée car elle donne principalement des plantes mâles de qualité inégale du point de vue génétique.

La chair des dattes contient des glucides en quantité (de 50 à 75%), de 2 à 3% de protéines et de 1 à 2,5% de matières grasses. Parmi les vitamines, la provitamine A et la vitamine B 1 sont représentées. Dans leurs régions de culture, on consomme les dattes fraîches. On les fait sécher pour l'exportation et, localement, on les utilise pour la préparation de certains mets chauds. Véritable arbre de vie, le dattier est considéré par les populations locales comme une grande richesse : outre les dattes, elles utilisent les bourgeons terminaux comme des légumes ; le suc sucré qui sourd des incisions pratiquées sur les tiges des inflorescences mâles ou sur le tronc est la matière première du vin de datte, les feuilles sont transformées en vannerie et leur pétiole procure une fibre solide qui sert à la fabrication de cordes. Quant au bois, on l'utilise comme matériau de construction ou comme bois de chauffe.

Le dattier est un palmier dioïque élancé, haut de 10 à 30 m, couronné d'un panache de 30 à 80 grosses feuilles (1) qui ont l'aspect penné. Les feuilles se composent de 100 à 250 folioles, disposées sur le même axe en quatre plans ou plus. Les folioles linéaires et pointues se transforment en piquants acérés vers la base de la feuille. Les fleurs mâles couleur crème (2, en coupe) sont regroupées en épis énormes comptant parfois jusqu'à 10 000 fleurs. Les inflorescences de fleurs

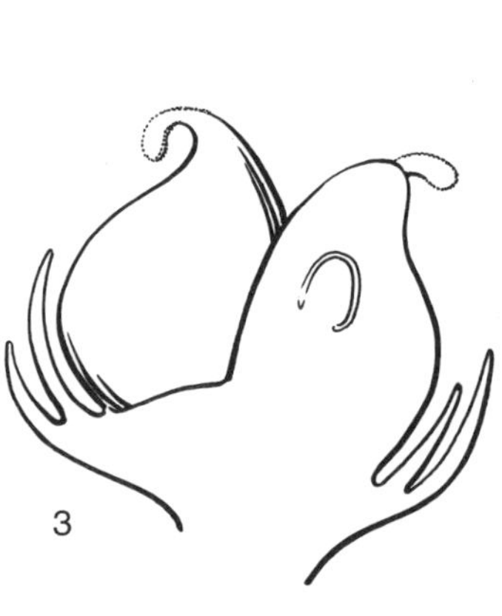
3

1

4

5

femelles, de forme globuleuse (3, en coupe) sont moins fournies. Bien pollinisée, une inflorescence peut donner jusqu'à 5 000 fruits. Avant l'épanouissement des fleurs, l'inflorescence est entourée d'une gaine, la spathe. Le fruit à noyau (4) de couleur jaune, rougeâtre ou brune, est ovoïde, ovale ou obové. La chair sucrée est succulente, légèrement desséchée ou sèche. Elle renferme un noyau fusiforme, marqué d'un sillon longitudinal caractéristique (5, coupe longitudinale du fruit).

2

Pistachier, pistache Anacardiacées
Pistacia vera L. *Anacardiaceae*

La patrie du pistachier s'étend sur les régions chaudes du pourtour méditerranéen et de la partie asiatique voisine où il pousse spontanément. Il s'agit d'une plante cultivée très ancienne dont le célèbre médecin grec Dioscoride mentionne déjà l'existence au Ier siècle après J.-C. Aujourd'hui, on cultive le pistachier en Turquie, en Iran, en Sicile, en Afghanistan, en Syrie, en Grèce, en Tunisie et dans le midi de la France. De tous les arbres fruitiers, c'est le pistachier qui tolère le mieux la sécheresse. Dans son biotope naturel, il prospère sur les versants pierreux, arides, bien exposés au soleil. Il n'est pas exigeant en matière de sols ; seules les terres détrempées et acides ne conviennent pas à sa culture. Remarquablement résistant au gel, les cultivars ne souffrent des gelées que si la température descend à − 10 ou à − 12 °C, les plantes spontanées tolérant − 25 °C. Le pistachier a besoin d'un repos végétatif profond, même de courte durée, au cours duquel la température doit descendre en dessous de 0 °C. Si ces conditions ne sont pas remplies, feuilles et fleurs se déforment. Le pistachier se multiplie par semis ou par voie végétative, par greffage en écusson ; on le transplante en motte.

Les fruits contiennent de 19 à 23% de protéines, de 43 à 62% de matières grasses, de 15 à 18% de glucides et quelque 8% d'eau. On mange les pistaches séchées, grillées ou salées. Elles parfument gâteaux, glaces, crèmes, etc. On les presse pour en extraire une huile de table de qualité qui présente toutefois l'inconvénient de rancir rapidement. *Pistacia lentiscus* et *Pistacia terebinthus* fournissent également une résine nommée « mastic de Chio » ou « térébenthine de Chio » exsudée par l'écorce blessée des arbres. Elle entre dans la composition de colles, d'adhésifs et de vernis, mais trouve également une utilisation en médecine et dans l'industrie agro-alimentaire, en particulier pour aromatiser le raki, un apéritif anisé turc. Les feuilles, l'écorce et le bois sont riches en tanins. Les cécidies des feuilles produisent un pigment rouge. Le bois du pistachier est utilisé en ébénisterie et en menuiserie.

2

L'arbuste ou l'arbre dioïque est haut de 5 à 7 m. La tige principale produit des rejets en quantité. Dans les conditions naturelles, ceux-ci se substituent aux tiges qui dépérissent, de sorte qu'un pistachier peut vivre jusqu'à cent soixante ans. Les feuilles caduques (1) sont alternes et imparipennées. Elles se composent de 3 à 5 folioles lancéolées et entières, à l'aspect

coriace, terminées en pointe. Les petites fleurs (2) aux sépales jaune-vert sont réunies en panicules ou en grappes. Les inflorescences des pieds femelles sont plus longues et moins denses que celles des pieds mâles qui sont, au contraire, fournies et larges. Le fruit elliptique mesure 20 mm de long. Il présente une extrémité pointue et renferme un noyau. L'enveloppe charnue (3) se dessèche à maturité et prend alors une teinte jaune ou rougeâtre. La coque (4) dure et lisse est relativement fine. À maturité, sa suture latérale s'ouvre souvent sur toute sa longueur, découvrant une graine (5) couleur cannelle mais dont les cotylédons sont verts.

Abricotier (variétés précoces) Rosacées
Prunus armeniaca *Rosaceae*

L'abricotier est originaire d'Asie centrale et orientale, surtout de Chine où il pousse aujourd'hui encore à l'état sauvage, sous des formes variées. Des documents prouvent qu'on cultivait l'abricotier en Chine dès le IIIe siècle avant J.-C. Bien plus tard, sa culture s'est étendue vers l'ouest jusqu'en Transcaucasie par l'Iran, d'où elle a été introduite en Grèce. Après les Romains, les Arabes se chargèrent de disséminer l'espèce sur tout le pourtour méditerranéen. Vers 800, la culture de l'abricotier s'est répandue en Europe centrale, surtout dans les vergers des couches sociales les plus aisées. Ce n'est qu'au début du XVIIIe siècle que l'espèce a connu une grande expansion. Les descriptions de cette époque font état de nombreuses variétés. Pendant longtemps, cependant, l'abricotier s'est cantonné dans les jardins des monastères et des châteaux ; aujourd'hui, il est couramment cultivé dans le sud de l'Europe, en partie dans le nord, en Asie occidentale, en Amérique du Nord, en Afrique du Nord et en Australie. Les arboriculteurs amateurs ou professionnels s'intéressent d'ailleurs de plus en plus à la culture de cet arbre.

1

L'abricotier se présente sous forme d'un arbuste de 1 ou de 2 m de haut, ou d'un arbre qui peut atteindre 10 m de haut. La forme de la cime dépend de la variété. Son port est le plus souvent en boule, conique, étalé ou pleureur. Moyennes ou grandes, les feuilles sont largement ovales ou cordiformes, avec un limbe brillant ou mat,

2

3

denté ou doublement denté. Les fleurs assez grandes (1), blanc rosé, s'épanouissent sur des pédoncules très courts. La taille, la forme et la coloration des fruits (2 et 3, en coupe) sont caractéristiques des différentes variétés. Le noyau est plus ou moins plat, lisse ou rugueux. Les formes naines ou à tige basse, à cime pyramidale, se plantent en automne ou au printemps à des distances de 5 x 5 à 7 m. Parmi les variétés précoces, citons Précoce de Colomer, Précoce de Boulbon et Canino.

Abricotier (variétés semi-précoces) Rosacées
Prunus armeniaca *Rosaceae*

Les variétés classiques ont la même origine et la même extension que les variétés précoces. Toutes ont des exigences importantes en ce qui concerne la chaleur et l'ensoleillement. L'abricotier se plaît surtout dans les régions situées entre 200 et 250 m d'altitude où la température journalière moyenne au mois de juillet dépasse 18 °C, la température annuelle moyenne étant supérieure à 8 °C ; les précipitations doivent atteindre de 550 à 600 mm. Toutefois, il peut prospérer dans les endroits où la température moyenne est d'au moins 7 °C, à une altitude de 400 à 450 m, avec un taux de précipitations de 700 mm environ. Les sols moyennement lourds, neutres, sont les plus appropriés. Les sols sableux peuvent également convenir, à condition toutefois d'être bien irrigués. Les fruits des arbres semi-précoces comptent parmi les plus savoureux. On les mange frais, en compote, en marmelade, en confiture, en jus et on les utilise dans la pâtisserie. Les fruits qui ne satisfont pas aux critères du marché sont destinés à la fabrication d'une excellente eau-de-vie. On trouve également des abricots séchés.

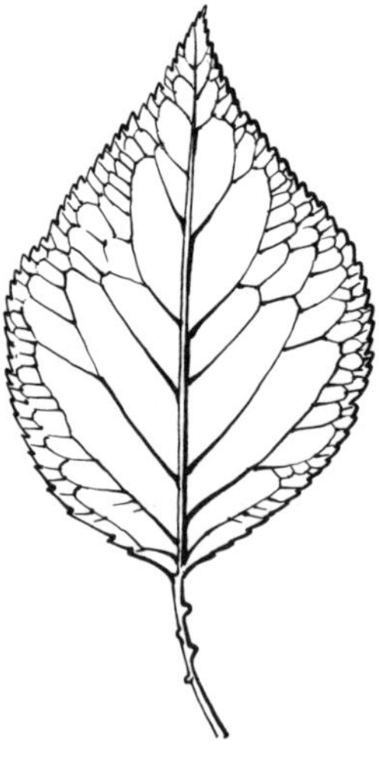

2

Les arbres semi-précoces ressemblent à ceux des variétés précoces. La principale différence concerne les fruits (1) qui sont plus gros, d'une belle couleur et d'un goût excellent. La chair est orangée, très fine et juteuse, d'une consistance variable. Selon sa fermeté et son aspect, on destine le fruit à la consommation directe ou on en fait

1

3

des compotes, des marmelades ou des confitures. Les rameaux, les fleurs et les feuilles (2) ne présentent pratiquement aucune différence avec ceux des variétés précédentes. La forme, la couleur, éventuellement la surface lisse ou rugueuse du noyau (3) sont autant de critères d'identification des différentes variétés. On cultive les abricotiers semi-précoces sous la forme de cultivars basse tige ou nains qui conviennent parfaitement aux petits jardins. On les plante à des distances de 4 à 5 x 6 à 7 m. Rouge du Roussillon et Bergeron comptent parmi les variétés les plus appréciées.

Abricotier (hybride) Rosacées
Prunus armeniaca ssp. *media* *Rosaceae*

Le groupe des hybrides a la même origine géographique que l'espèce botanique. Nous avons vu dans les pages précédentes les caractéristiques et l'utilisation des fruits. Il nous reste à aborder leur valeur nutritive. L'abricot est moins digeste que les pêches. La pulpe représente 85%, la peau 7% et le noyau 8% du fruit. La chair comporte en moyenne de 72 à 92% d'eau, de 7 à 17% de sucres, de 1 à 1,5% d'acides, 1% de protéines, de 0,5 à 1,1% de pectine, de 0,2 à 0,4% de tanins, de 0,6 à 0,8% de cellulose et 0,7% de sels minéraux. L'abricot est surtout riche en potassium, en phosphore et en calcium, un peu moins en fer, en magnésium et en soufre. Les vitamines, et plus particulièrement la provitamine A (de 1,8 à 3,2 mg pour 100 g), les vitamines B1 et B2 (de 0,03 à 0,05 mg par 100 g), PP ou B3 (de 0,2 à 0,5 mg par 100 g), C (de 12 à 27 mg par 100 g), E (de 0,8 à 1,8 mg par 100 g) et P (de 0,5 à 0,9 mg par 100 g), sont également des éléments importants de la composition du fruit. L'amande, qui contient de 45 à 58% de résidu sec des matières grasses et de 25 à 28% de protéines, est un composant du fruit. Le noyau des variétés d'abricot à amande douce peut se substituer à l'amande proprement dite dont il rappelle la saveur. Les autres variétés sont toxiques : l'amygdaline (4%), dangereuse pour l'organisme et responsable du goût amer du noyau, le rend impropre à la consommation. La composition chimique des abricots est déterminée par la variété, les conditions de culture, en particulier le climat, les modes de culture et le degré de maturité du fruit.

Les arbres hybrides présentent certaines différences avec les abricotiers précoces et semi-précoces. Leur cime est sphérique, parfois légèrement aplatie ou à l'aspect pleureur. Branches et rameaux (2) ont les mêmes caractéristiques et la même couleur que les variétés précédentes. Les différences sont plus marquées dans le cas des fruits (1) qui sont plus ou moins

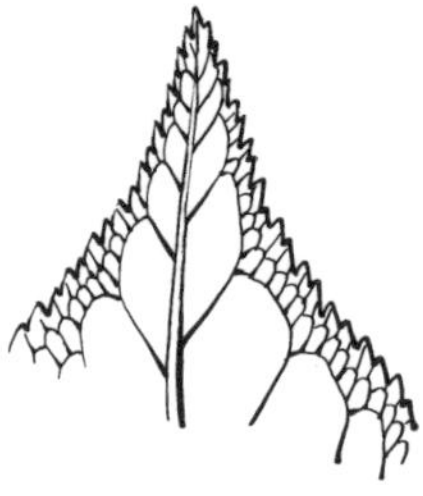

3

1

2

globuleux ou oblongs, de taille moyenne, de couleur plus vive. La pulpe orangée, jaune ou jaune pâle est nettement plus ferme, plus ou moins juteuse, savoureuse. Les fleurs et les feuilles (3) des hybrides diffèrent par leur taille et leur forme. Les représentants de ce groupe se distinguent également par une excellente résistance aux températures basses. Les fruits se prêtent bien à la préparation de compotes. On peut planter les hybrides en bordure des régions de culture traditionnelles, compte tenu de leur bonne résistance au gel. Les distances de plantation sont les mêmes que celles des variétés étudiées précédemment.

Merisier, guigne — Rosacées

Prunus avium ssp. *juliana* — *Rosaceae*

Les avis sont partagés quant à l'origine du cerisier. Certains prétendent qu'il a été introduit en Europe au début de notre ère par Licinius Lucullus, chef de l'armée romaine qui l'aurait importé d'Asie Mineure. Or, les textes datant de l'Antiquité romaine mentionnent l'existence d'un cerisier à gros fruits cent cinquante ans avant la naissance de Licinius. Le merisier, encore appelé cerisier des bois ou cerisier des oiseaux, pousse spontanément en Asie, dans les forêts du Proche-Orient, dans les régions méridionales du Caucase, en Arménie et dans toute l'Europe centrale. Il est surtout fréquent en Suisse et dans les pays méridionaux de la CEI, au bord de la mer Caspienne et de la mer Noire. Originaire des régions maritimes, il pousse naturellement, mais en moins grand nombre, en Espagne, en Italie et dans le sud de l'Europe en général. On le considère comme un arbre européen à part entière. La présence de très vieux arbres dans les formations forestières des Carpates témoigne de l'origine ancienne de cette espèce en Europe centrale.

La découverte de noyaux dans les habitations et les grottes datant du Paléolithique prouve que l'homme consommait déjà ces fruits dans la préhistoire. On en a également découvert dans les vestiges d'habitations circulaires situées au bord des rivières et des lacs alpins. Si on compare ces noyaux avec ceux que nous connaissons aujourd'hui, on ne relève pratiquement aucune différence. Ainsi, l'histoire des cerises remonte au Paléolithique. Bien entendu, les Grecs et les Romains cultivaient déjà les cerisiers pour leurs fruits savoureux. Un médecin italien et arboriculteur passionné nommé Mattioli a recensé, en 1554, quinze variétés de cerisiers, tout en déplorant que la culture de ces arbres ait connu un sérieux déclin au cours des cinq derniers siècles. Les auteurs allemands de la fin du XIXe siècle ont décrit deux cent cinquante variétés environ. L'histoire de la culture du cerisier en Allemagne correspond en grande partie à celle de sa culture en Bohême.

Les merisiers à guignes (1) ont une croissance rapide, voire exubérante. Leurs cimes sont étalées, sphériques ou pyramidales avec des rameaux latéraux retombants. Les rameaux exposés au soleil sont brun clair, couverts d'une pellicule argentée. Ceux qui poussent à l'ombre sont plus pâles, d'un brun verdâtre. Les feuilles assez grandes sont soit allongées, obovées,

2

1

terminées par une pointe courte, soit elliptiques, à longue pointe. Le bord du limbe est denté. Les fleurs blanches (2) sont de taille variable. Les guignes (3, en coupe) sont des cerises de taille moyenne, cordiformes ou globuleuses, légèrement aplaties. Leur peau est rouge foncé, brillante, parfois parsemée de petites taches claires. La chair molle très juteuse est également d'un rouge sombre. Très savoureuses, les guignes sont sucrées, légèrement acidulées. Leur jus est très coloré. Le noyau de taille moyenne est semi-libre. On plante les arbres en automne, à des distances de 5 à 7 x 4 à 5 m, en fonction de la variété et de leur utilisation future. La variété Early Rivers compte parmi les plus originales.

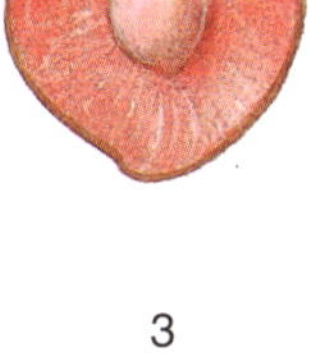

3

Merisier, bigarreau (variété foncée) — Rosacées
Prunus avium ssp. *duracina* var. *melanocarpa* — *Rosaceae*

Les sous-espèces de merisier cultivé sont les guignes (ssp. *juliana*), les bigarreaux (ssp. *duracina*) et leurs hybrides (ssp. *duracina* x ssp. *juliana*). Les bigarreaux sont des cerises à chair ferme, de couleur sombre, bicolore ou claire. Les guignes se distinguent par une chair molle, les hybrides présentant une consistance intermédiaire. Le merisier est une espèce fruitière dont la longévité peut dépasser soixante ans. Pour qu'il puisse parvenir à cet âge avancé, certaines conditions écologiques doivent être respectées : une altitude de 200 à 500 m, une température annuelle moyenne de 7,5 à 10 °C et un taux de précipitations de 500 à 700 mm. Le merisier prospère sur des sols argilo-sableux profonds ; les sols lourds, détrempés et froids le prédisposent à la gommose. Il préfère les versants exposés au sud, au sud-est ou au sud-ouest et évite les terrains froids et escarpés où ses fleurs risquent d'être endommagées par des gelées tardives.

Les cerises comptent parmi les fruits les plus recherchés, car elles sont très précoces, mais aussi parce qu'elles contiennent un grand nombre de substances et de vitamines essentielles. On cultive le plus souvent les bigarreaux qui ont une large gamme d'utilisations (fruits frais, compotes, jus, confitures, alcools), mais aussi parce qu'ils fructifient pendant une période assez longue. Les fruits contiennent 0,3% de cellulose, 0,01% de tanins, 8,5% de substances azotées, 0,6% de sels minéraux, de 0,31 à 0,85% d'acides organiques, de 1,8 à 7,8% de glucose, de 1,5 à 3,6% de fructose, de 0,1 à 1,4% de glucides, de la vitamine C (10 mg pour 100 g) et de la vitamine A (6 mg pour 100 g). La vitamine C est surtout concentrée à la surface du fruit. Sa teneur s'accroît au fil de la maturation, mais elle disparaît rapidement dans le fruit trop mûr.

3

Les merisiers à bigarreaux foncés (1) connaissent une croissance rapide, voire exubérante. Leurs cimes, petites ou grandes selon la variété, sont sphériques ou pyramidales. Les rameaux exposés au soleil sont brun clair, la pellicule qui les recouvre est moins argentée que chez la sous-espèce précédente. À l'ombre, ils sont presque entièrement recouverts par une pellicule

1

gris argenté, teintée de vert pâle par endroits. Les grandes feuilles sont allongées, elliptiques, ovées ou obovées, terminées par une pointe acérée. Le bord du limbe est denté. Les pétales blancs des fleurs moyennes ou grandes sont creusés en écuelle. Les fruits (2, en coupe) sont gros, cordiformes, ovales ou oblongs. La peau lisse et brillante, rouge foncé, rouge-brun ou rouge carmin, est parfois constellée de petites taches plus claires. La chair ferme qui craque sous la dent est rouge, juteuse, très savoureuse. Le noyau moyen ou grand (3), globuleux ou oblong, se détache facilement de la pulpe. On plante les bigarreaux selon les mêmes principes que les guignes. Parmi les variétés les plus connues, citons Reverchon et Van.

2

Merisier, bigarreau (variété bicolore) — Rosacées

Prunus avium ssp. *duracina* var. *variegata* — *Rosaceae*

Le bigarreau bicolore a la même origine que les autres variétés appartenant à la même sous-espèce. On le cultive moins fréquemment, en dépit de l'excellent goût des fruits. Cette situation résulte du nombre restreint de cultivars et de la fragilité des fruits qui se meurtrissent facilement lors de l'entreposage. On cultive les merisiers principalement en Europe, dont la production représente 77% de la totalité de la production mondiale, l'Amérique du Nord assurant 14% et l'Asie 6%.

On identifie les bigarreaux de la variété *variegata* à leur jus qui ne tache pas, à leur chair ferme et leur peau bigarrée. Les fruits ont tendance à se fendiller sous la pluie, ce qui représente un certain inconvénient. On plante les jeunes arbres en automne, selon les mêmes principes que les autres bigarreaux. Seules les formes compactes peuvent tolérer des distances de 4 à 5 x 3 à 4 m. La variété la mieux adaptée est Napoléon. Depuis les temps immémoriaux, les bigarreaux sont très appréciés par les consommateurs locaux et étrangers. On exporte les fruits frais ou en conserve. La demande croissante a entraîné une diversification des variétés. Depuis quelques années, on cultive des formes à croissance lente (formes compactes) obtenues à partir de la variété Napoléon. La qualité des bigarreaux bicolores dépend de la période de récolte. Les fruits ne doivent pas être trop mûrs pour qu'on puisse les conserver en sirop.

2

Les merisiers à bigarreaux bicolores (1) se distinguent par une croissance moyenne. Les cimes sont en boule. Les rameaux d'un an (2) sont robustes et droits. Exposés au soleil, ils deviennent marron clair, souvent argentés. À l'ombre, ils sont brun-vert pâle, recouverts d'une pellicule argentée.

1

3

Les grandes feuilles sont largement elliptiques ou obovées. Les fleurs de taille moyenne, aux pétales blancs, sont regroupées par 3 ou 4 dans une inflorescence. Les fruits (3, en coupe) sont gros, globuleux. Leur peau fine est jaune avec des taches rouges, voire rouge-brun. La chair ferme est jaune, veinée de rouge. Assez juteux, les fruits légèrement acidulés et très parfumés ont un goût excellent. Le gros noyau globuleux se détache facilement de la pulpe.

Merisier, bigarreau (variété claire) Rosacées
Prunus avium ssp. *duracina* var. *leucocarpa* *Rosaceae*

L'origine de la variété claire ne diffère en rien des autres variétés de bigarreaux. Sa culture est toutefois moins répandue car elle est peu appréciée des cultivateurs en raison de sa couleur moins attrayante, de sa tendance à se meurtrir lors de l'entreposage et à se fendiller sous la pluie. En dépit de ces inconvénients, on la cultivait plus souvent dans le passé pour sa saveur originale. Depuis quelques années, elle connaît néanmoins un regain d'intérêt. Compte tenu de la coloration claire des fruits, on remarque un sillon sur leur face interne. Cette suture prouve que l'ovaire ne possède qu'un seul carpelle. On consomme les fruits frais ou dans des desserts. Les arboriculteurs amateurs peuvent les cultiver dans les jardins plus spacieux. Les fruits destinés aux sirops doivent être cueillis quand ils sont encore fermes.

À l'instar des autres cerises, les bigarreaux nécessitent une pollinisation croisée. Cela signifie que l'arbre a besoin du pollen d'autres variétés ayant un bon pouvoir germinatif. Les abeilles assurent la pollinisation en le déposant sur le stigmate de la fleur. La présence de ces insectes est donc indispensable au moment de la floraison. Si le temps est froid et humide, la pollinisation s'effectue mal, car les abeilles ne peuvent pas quitter leurs ruches. D'autre part, la pollinisation croisée n'est possible que si les périodes de floraison des différentes variétés coïncident.

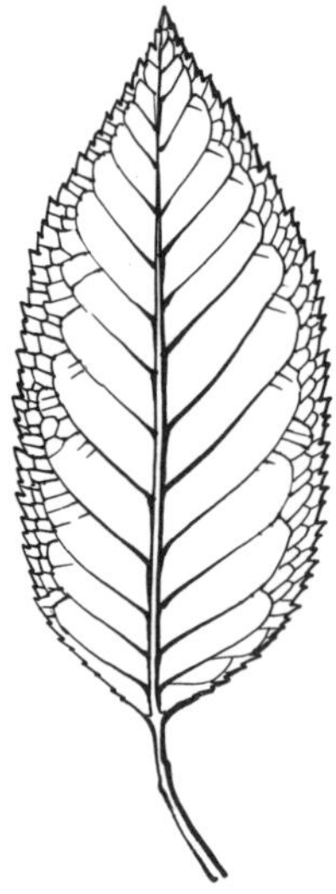

2

Les merisiers à bigarreaux clairs (1) ont une croissance moyenne. Les cimes irrégulières présentent des rameaux aux extrémités retombantes. Les rameaux d'un an sont marron clair, recouverts d'une pellicule gris argenté. Les lenticelles sont peu nombreuses. Les feuilles de taille moyenne (2) sont obovées, longuement elliptiques, à pointe cunéiforme. Le bord du limbe est grossièrement denté. Les fleurs aux longs pédoncules sont

1

3

regroupées en cymes. Les pétales blancs sont larges, de forme ovale. Les fruits (3, en coupe) sont moyens ou gros, cordiformes. Ils sont protégés par une peau jaune citron, finement constellée de rouge sur la face exposée au soleil. La chair blanchâtre est moyennement ferme, le jus est incolore. Les fruits ont un goût excellent, légèrement acidulé. Le noyau cordiforme se détache bien de la pulpe. On doit cueillir ces cerises avec précaution, car elles se meurtrissent facilement. La plantation et les besoins des arbres sont les mêmes que chez les autres bigarreaux. Parmi les variétés les plus appréciées, citons Cœur de pigeon, à chair sucrée et croquante.

Merisier (hybride) — Rosacées
Prunus avium ssp. *duracina* x ssp. *juliana* — *Rosaceae*

Cet hybride est issu du croisement des bigarreaux avec des guignes. Son origine est la même que celle de tous les merisiers. C'est la variété la plus cultivée après le bigarreau foncé et la guigne. Ses fruits foncés, bicolores ou clairs ont une chair moyennement ferme. Ils parviennent à maturité après les variétés hâtives. Les variétés les plus précoces sont avantageuses, car les fruits ne sont pas attaqués par les vers, de sorte qu'il n'est pas nécessaire de les traiter ; toutefois, ils risquent de souffrir des gelées printanières et de la voracité des oiseaux.

De croissance exubérante, cet hybride développe une cime importante de sorte qu'on ne peut pas le cultiver dans un petit jardin. Les formes compactes réussissent mieux, mais elles sont pour l'instant assez rares et la qualité de leurs fruits ne satisfait pas toujours les exigences des cultivateurs et des consommateurs. La meilleure façon de contenir la croissance des variétés actuelles est de les greffer sur un porte-greffe à croissance lente qui permet de cultiver des formes basses, pratiques au moment de la taille et de la cueillette et dont la mise à fruits est rapide. Les arboriculteurs amateurs qui essaient d'exploiter au mieux le sol de leur verger sèment parfois d'autres plantes au pied des arbres en attendant que leur cime atteigne sa taille définitive et qu'ils se mettent à produire normalement. Ce faisant, il ne faut pas oublier que c'est aux arbres qu'on doit songer en premier. De plus, la productivité des plantes secondaires sera réduite de moitié ; les légumineuses, certains légumes et les pommes de terre tolèrent toutefois bien cette pratique.

2

Cet hybride (1) a une croissance exubérante. Il développe une cime importante, largement étalée ou en boule, aux rameaux latéraux retombants. Les rameaux d'un an sont longs, forts, brun-rouge du côté ensoleillé, vert-gris et argentés à l'ombre. Les feuilles relativement grandes, elliptiques ou obovées, se terminent par une longue pointe. Le bord du limbe est assez

1

3

grossièrement denté. Les grandes fleurs ont des pétales blancs. Les petits fruits verts (2) sont un critère d'identification de la variété. Les grands fruits (3, en coupe) sont cordiformes, globuleux ou ovales. Leur peau ferme et brillante varie du brun-rouge au rouge sombre. Selon la race, la chair est rouge ou rouge foncé. Elle est moyennement ferme, très juteuse, sucrée ou légèrement acidulée, aromatique. Son goût est excellent. Le noyau moyen ovale se détache facilement de la pulpe. On plante les jeunes arbres en fonction des porte-greffes utilisés, à des distances de 5 à 6 x 3 à 4 m. La variété Burlat est la plus connue.

Cerisier commun, griotte Rosacées

Prunus cerasus var. *austera* *Rosaceae*

Le cerisier commun pousse spontanément en Transcaucasie. On pense qu'il n'est pas originaire d'Europe, car on n'a pas découvert de noyaux dans les vestiges préhistoriques européens. Le professeur K. Hrubý note que les Romains connaissaient les cerisiers à fruits acides venus des Balkans. D'après lui, ils y furent introduits volontairement à l'époque historique, par Constantinople. Au Moyen Âge, on ne faisait aucune différence entre le merisier et le cerisier commun, les deux espèces étant appelées indifféremment cerisier. Dans de nombreux pays, il en est ainsi aujourd'hui encore. Le cerisier commun pousse également à l'état sauvage et se multiplie principalement par drageons. Il forme souvent des broussailles, surtout sur des terrains exposés au soleil, et ne constitue pas un bon porte-greffe. Parmi les cerises acides cultivées, on trouve des griottes et des amarelles ; les autres sont issues de croisements entre *Prunus avium* et différentes variétés de *Prunus cerasus.*

La taille du cerisier commun, arbre ou arbuste, est très variable. Les rameaux d'un an, très fins, finissent par retomber à l'instar des rameaux très anciens. La plupart des cerisiers communs ont tendance à former des rosettes de bourgeons sur les vieilles branches. Les bourgeons floraux se forment séparément, les fleurs s'ouvrent par 3 ou par 5. Leur taille varie selon la variété. De longs rameaux restent souvent nus, sans feuilles ni fruits. Le trait caractéristique du cerisier commun est la présence de faux pétioles qui se terminent parfois par de fausses feuilles. Les griottes sont des cerises très appréciées qui se prêtent à la préparation de conserves, de marmelades, de confitures, de vins et d'alcools, de sirops et de jus.

2

Le cerisier commun (1) a une croissance moyenne ou lente. Les branches principales se dressent obliquement vers le haut, alors que les rameaux latéraux, semblables aux rejetons, retombent. La cime est en boule. Avec le temps, les branches se dénudent rapidement de sorte qu'il faut pratiquer une taille de régénération. Les feuilles de taille moyenne sont obovées ou elliptiques, terminées en

1

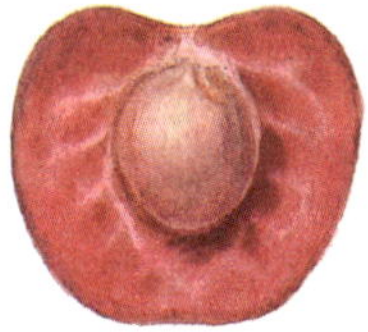

3

pointe. Le bord du limbe est irrégulièrement denté. La fleur (2) de taille moyenne a des pétales blancs. Les fruits moyens ou grands (3, en coupe) sont le plus souvent globuleux ou légèrement aplatis. Leur peau très fine, rouge foncé, peut être pelée. La pulpe d'un rouge carmin est peu dense, très juteuse. La griotte est parfumée, acidulée ou acide. Son jus fortement coloré fait des taches. Le noyau moyen, oblong ou globuleux, se détache facilement de la pulpe. On plante les jeunes cerisiers en automne, à des distances de 5 à 4 x 4 à 3 m, selon la variété et le porte-greffe utilisé. Parmi les variétés les plus importantes, citons la Griotte du Nord.

Cerisier commun, amarelle — Rosacées
Prunus cerasus var. *caproniana* — *Rosaceae*

Les amarelles sont des cerises acides de même origine que les griottes. Leur distribution est moins importante et leur culture plus ancienne que chez la variété précédente. Par son port, la forme de ses feuilles et la disposition de ses branches, l'amarelle rappelle plutôt le merisier. Les arbres adultes ont une cime de forme caractéristique qui diffère totalement de celle du cerisier à griottes : leurs branches plus courtes portent à leurs extrémités 3 ou 4 bourgeons à fleurs entourant le bourgeon à feuilles terminal qui constitue le prolongement de la branche. Les larges pétales blancs forment une coupelle dont l'intérieur est teinté de vert. Les grosses feuilles sont brillantes et lisses. Lancéolées, elles se terminent par une longue pointe acérée. Les fruits sont gros, globuleux ou légèrement aplatis, d'un goût excellent.

L'origine du terme amarelle n'est pas sûre. Il vient probablement du latin *amarellus* qui signifie amer, bien que la saveur de ces cerises ne contienne pas la moindre trace d'amertume. Certains pensent donc que ce nom pourrait faire référence à la localité où on a sélectionné la variété. Appréciées pour leur goût excellent, les amarelles se mangent fraîches ou cuites. Elles contiennent 0,3% de cellulose, 0,18% de tanins, 1% de substances azotées, 0,59% de sels minéraux (dans les boissons fermentées), de 1,46% à 2,16% d'acides organiques, de 3,8 à 5,3% de glucose, de 3,3 à 4,4% de fructose, de 0,2 à 0,8% de saccharose, de la vitamine C (de 1,3 à 19,7 mg pour 100 g) et de la provitamine A (de 3,5 à 5,5 mg pour 100 g).

3

Les cerisiers à amarelles (1) ont une croissance rapide ou exubérante. La cime haute est globuleuse et dense. Les rameaux d'un an, d'épaisseur moyenne, marron clair, sont partiellement recouverts d'une pellicule gris argenté. Les feuilles assez grandes sont obovées ou elliptiques et brillantes. Le bord du limbe est doublement denticulé. Les fleurs de taille

1

moyenne ont des pétales blancs, ronds ou ovales, creusés en forme de coupelle. Les fruits (2, en coupe) sont grands, globuleux, parfois aplatis. La peau fine est rouge pâle ou rouge. La chair molle, peu dense, fond dans la bouche. Très juteuse, elle est de couleur rouge. Les amarelles sont parfumées et ont un goût très agréable, légèrement acidulé. Le noyau moyen (3) est ovale. Il se détache bien de la pulpe. On plante les jeunes arbres en automne, à des distances plus importantes que chez les cerisiers à griottes : 5 x 4 m. On recommande les formes naines, à tige basse et même palissées. L'amarelle de Montmorency est l'une des plus célèbres.

2

Cerisier (hybride) Rosacées
Prunus avium x *Prunus cerasus* ssp. *dulcacerba*
var. *colorata* *Rosaceae*

L'hybride issu du croisement d'un merisier et d'un cerisier commun est reconnu comme une espèce indépendante depuis longtemps. Ses représentants sont moins répandus et moins communs que les autres cerisiers. Ses fruits ne se prêtent pas à la fabrication de conserves à cause de leur jus pâle et de leur chair molle. En revanche, on peut parfaitement les consommer frais, car ils ont une saveur agréable, légèrement acidulée. Certaines variétés de cet hybride ont une maturation échelonnée, ce qui représente un avantage pour les cultivateurs.

Le cerisier commun montre des exigences précises en matière de conditions écologiques, c'est-à-dire à l'égard de son environnement. Il prospère dans les régions situées entre 200 et 400 m d'altitude dont la température annuelle moyenne dépasse 7,5 °C ; le niveau de précipitations doit atteindre 700 mm. Certes, on le cultive à 600 m d'altitude, à une température annuelle moyenne supérieure à 6 °C avec des précipitations de 800 mm, mais sa productivité est alors moindre. C'est toutefois une espèce plus modeste que le merisier, qui s'accommode de conditions naturelles plus rudes. Il préfère les terrains légèrement en pente et une exposition au sud, à l'est ou à l'ouest, les sols sablo-argileux, humiques et calcaires. Les sols froids et détrempés, les emplacements encastrés où les arbres s'exposent à la gommose et aux maladies cryptogamiques telles que la moniliose, sont à proscrire. On recommande un pH 7 pour un sol argileux et un pH 6 pour les sols argilo-sableux. L'observation sur plusieurs années des résultats que donne sa culture dans les proches environs reste toutefois la meilleure méthode pour déterminer les conditions écologiques idéales pour chaque variété.

3

Cet hybride a hérité du port du merisier, mais dans la plupart des cas, les branches (1) se retournent vers l'intérieur pour former une couronne haute et fermée. Les feuilles rigides (2) ont la couleur vert foncé des feuilles du cerisier commun, bien qu'à première vue elles ressemblent à celles du merisier. Les grandes fleurs ont des pétales

1

2

blancs, ronds, en forme de coupelle. Les fruits (3, en coupe), le plus souvent globuleux, sont de taille moyenne. Leur peau est extrêmement fine, lisse et brillante, rouge sombre, voire brun-rouge. La chair sombre, molle, fine et juteuse, fond dans la bouche. Les fruits parfumés ont un très bon goût, légèrement acidulé. Le jus est moyennement coloré. Le petit noyau rond et lisse se sépare bien de la pulpe. On plante les jeunes arbres en automne, à des distances de 5 à 4 x 3 à 4 m, selon la variété et le porte-greffe utilisé. On classe parmi les variétés les plus connues la variété hâtive.

Cerisier (hybride) Rosacées

Prunus avium x *Prunus cerasus* ssp. *dulcacerba*

var. *vitrina* *Rosaceae*

Comme le précédent, cet hybride est issu du croisement interspécifique de *Prunus avium* et de *Prunus cerasus.* Du point de vue botanique, il n'est pas sans rappeler par son port les cerisiers à griottes à croissance exubérante. Ses branches sont longues, nues et retombantes. Comme chez le merisier, ses feuilles sont oblongues, lancéolées, terminées en pointe. Ses bourgeons ressemblent également à ceux du merisier. Les fruits aux longs pédoncules sont brillants, rose-or. Ils semblent translucides. On les consomme de préférence frais car, compte tenu de l'extrême fragilité de leur peau et de leur chair, ils se gâtent facilement et ne supportent pas un long transport. C'est pourquoi on ne préconise pas l'extension des cultures de cet hybride, même si ses fruits ont un goût excellent et un bel aspect.

Moins répandu que le merisier, le cerisier commun a commencé à être cultivé plus tardivement. Dans le passé, il était moins fréquent à cause de l'acidité de ses fruits. Ce n'est que récemment, grâce aux procédés de conservation et de congélation, que la culture du cerisier commun (plus particulièrement des formes à tige basse) a connu une certaine expansion. La connaissance des mécanismes de pollinisation est essentielle pour obtenir une fructification abondante et régulière. L'importance de ce facteur est manifeste chez les espèces qui nécessitent une pollinisation croisée, ce qui est précisément le cas du cerisier commun. C'est une espèce tétraploïde, caractère qui se retrouve chez les hybrides qui en sont issus. Certains cerisiers s'autopollinisent, fructifiant abondamment après la fécondation par leur propre pollen. D'autres variétés tolèrent l'autofécondation, mais leur production est alors moins importante qu'en cas de pollinisation croisée. Par contre, les variétés qui exigent une pollinisation croisée ne peuvent pas s'autoféconder : pour fructifier, elles ont besoin du pollen d'autres variétés.

Les arbres de cet hybride (1) ont une croissance plus exubérante que ceux du cerisier à griottes. Ils forment des cimes hautes, en boule. Leurs rameaux d'un an (2), longs, brunâtres et argentés, se dénudent facilement. Par leur forme et leur aspect, les feuilles ressemblent à celles du merisier. Le bord du limbe est

2

1

irrégulièrement et grossièrement denté. Les fleurs assez grandes s'épanouissent sur de longs pédoncules. Leurs larges pétales ont des bords arrondis, en forme de cœur. Les fruits (3, en coupe) sont grands, plutôt oblongs. Leur peau fine est brillante, d'un rouge rosé. La chair claire, veinée, fond dans la bouche. Rafraîchissants, les fruits ont un bon goût acidulé. Le noyau ovale, généralement grand, se détache bien de la pulpe. Comme le cerisier commun, on plante cet hybride à des distances de 4 à 5 x 3 à 4 m, en optant plutôt pour les formes naines à tige basse. Les formes palissées ne conviennent pas. Les variétés les plus connues sont Reine Hortense et Impératrice Eugénie.

3

Prunier, quetsche Rosacées

Prunus domestica ssp. *oeconomica* syn. *P. oeconomica* *Rosaceae*

Le prunier est un nom générique qui désigne différentes espèces, leurs hybrides et variétés. La prune est dérivée de la sous-espèce *insititia,* la mirabelle, petite prune dont on a découvert les noyaux parmi les vestiges préhistoriques les plus anciens. Les noyaux de quetsches n'apparaissent qu'à l'époque romaine. Selon K. Hrubý, les variétés de la sous-espèce *oeconomica* résultent de mutations dans la sous-espèce *insititia.* Les formes spontanées de quetsches, de reines-claudes et de mirabelles n'existent qu'en Asie antérieure, berceau des premières cultures de ces fruits à noyau mais aussi de l'espèce *Prunus domestica,* elle-même issue, d'après Vavilov, de croisements entre le prunier myrobolan *(Prunus ceracifera)* et le prunellier *(Prunus spinosa).* De là, les variétés de prunier se sont répandues en Grèce, puis dans l'Empire romain. Des variétés de pruniers de bonne qualité ont été introduites en Europe centrale par les Slaves. Elles se sont ensuite imposées en Allemagne, en Roumanie, dans l'ancienne Hongrie, puis dans l'ex-Yougoslavie. Aujourd'hui, on cultive principalement la quetsche, la mirabelle, la prune d'Ente et la reine-claude.

3

Le prunier est un arbre fruitier pérenne aux feuilles caduques. Il présente une cime assez haute, partiellement en boule. Les rameaux d'un an sont rouge foncé ou marron chocolat. Les feuilles de taille moyenne sont allongées, rétrécies aux deux

2

1

extrémités. Le bord du limbe est denté. La fleur (1) plutôt petite se compose de pétales verdâtres. Les fruits (2), moyens ou grands, sont allongés, oblongs. Leur peau lisse est violacée ou bleu-rouge, couverte d'une pruine bleu pâle. La chair dorée (3, coupe longitudinale du fruit) est parfumée, assez peu juteuse, sucrée ou légèrement acidulée, mais toujours d'un goût excellent. Le noyau légèrement allongé est pointu. On plante les jeunes arbres en automne ou au printemps, en espaçant les arbres de 5 à 6 m dans la rangée, et les rangées de 4 à 5 m. Lors de la taille de formation, on conserve la branche centrale et 4 branches charpentières. La quetsche d'Alsace, qu'on récolte en septembre, est utilisée en pâtisserie et pour confectionner des confitures.

Prunier, prune d'Ente Rosacées

Prunus domestica ssp. *oeconomica* syn. *P. oeconomica* *Rosaceae*

Comme les quetsches, les prunes d'Ente sont originaires d'Asie antérieure. Elles ont connu la même extension que la quetsche, mais depuis quelque temps, on favorise leur culture car elles sont résistantes à la moniliose, redoutable maladie virale. Le prunier est un arbre fruitier qui n'a pas de grandes exigences en matière de chaleur et d'ensoleillement, comme c'est le cas, par exemple, des pêchers. Les régions qui conviennent le mieux à sa culture sont celles où la température annuelle moyenne est de 7 à 9 °C ; c'est donc un arbre fruitier relativement résistant. L'altitude idéale pour sa culture varie entre 300 et 500 m. Ce facteur doit être pris en compte car il influence la température, l'intensité de la lumière, le taux de précipitations et l'humidité atmosphérique. Plus l'altitude est élevée, plus la mise à fruits est tardive, de sorte qu'il convient de planter des variétés hâtives dans ces régions. Les pruniers demandent des précipitations de 550 à 700 mm. Les terrains en plaine ou les versants en pente légère, aux sols argileux ou argilo-sableux, conviennent très bien à leur culture. Le sol doit être humide, avec un pH neutre ou légèrement basique.

Les quetsches et les prunes d'Ente sont des fruits très appréciés. On les consomme fraîches, en sirop ou en marmelade ; elles supportent la congélation. On en fait également des pruneaux et de l'eau-de-vie. La valeur nutritive des fruits est assez grande. Ils contiennent de 9 à 11% de sucre, de 0,6 à 0,9% d'acides organiques, la teneur en vitamines A, B 1, B 2 et C étant variable. Par ailleurs, ils sont riches en potassium, en calcium, en magnésium, en phosphore et en fer. On évalue la qualité des prunes essentiellement d'après leur teneur en sucre et en acides. Il arrive que les mêmes variétés, cultivées à des endroits différents, montrent à cet égard des fluctuations importantes. La maturité des prunes étant échelonnée selon la variété, on peut les récolter à mesure et disposer ainsi de fruits frais pendant un temps assez long.

Ces pruniers ont les mêmes caractéristiques que les variétés à quetsches. La cime des arbres est toutefois moins volumineuse, plus ou moins en boule. Les rameaux d'un an sont brun-rouge. Les lenticelles, généralement ovales, sont grises. Les grandes feuilles largement ovales sont

1

2

légèrement brillantes. Le bord du limbe est faiblement denté. Les fleurs (1), relativement grandes, ont des pétales blancs, arrondis. Les fruits (2) sont plus grands que les quetsches. De forme ovale, ils sont tronqués sur l'extrémité libre. La peau est mauve brunâtre ou mauve foncé, recouverte d'une pruine claire, mauve bleuté. La chair (3, coupe longitudinale du fruit) est vert-jaune ou or. Moins ferme que celle de la quetsche, elle est sucrée et parfumée, d'un très bon goût. Le noyau moyen ou grand se détache bien de la pulpe. On plante les jeunes arbres en automne ou au printemps, en respectant des distances de 4 à 5 m dans chaque rangée et de 3 à 4 m entre les rangées. Les pruniers d'Ente sont plus délicats à tailler que les variétés à quetsches. En France, les fruits viennent à maturité en septembre.

3

Prunier sauvage, prune — Rosacées

Prunus domestica ssp. *insititia* syn. *P. insititia* — *Rosaceae*

L'origine des prunes est la même que celle des sous-espèces précédentes. Elles sont toutefois moins courantes, même si leurs fruits sont délicieux. On les cultive surtout en ex-Yougoslavie, en Italie, en Roumanie, en Bulgarie, mais aussi aux États-Unis et en Argentine. Ce sont des fruits globuleux ou ovales, de couleur variable. Elles se distinguent des reines-claudes par leur chair molle à maturité, qui se détache mal ou pas du tout du noyau. On classe même sous ce terme générique de prune les petits fruits jaunes rappelant la quetsche par leur forme. La plupart des pruniers sauvages présentent une petite cime. Certains possèdent des rameaux tomenteux, légèrement épineux, et développent souvent des formes arbustives. Les fleurs sont plutôt petites, à pétales blancs ou verdâtres.

Les prunes se prêtent moins bien au séchage, mais ont des utilisations très variées. On les consomme fraîches (surtout celles dont le noyau se détache de la pulpe) et en confiture ; les variétés tardives dont le noyau adhère fortement à la chair sont surtout utilisées pour la fabrication d'eau-de-vie. On peut également les conserver assez longtemps au réfrigérateur. Le bois des pruniers est utilisé par les sculpteurs et l'industrie du meuble. Il se prête également à la fabrication d'outils, de pipes, d'ustensiles de cuisine et d'objets d'art en marqueterie. La culture des pruniers sauvages mériterait d'être encouragée, car ces arbres montrent une grande capacité d'adaptation et prospèrent dans les régions chaudes comme sous les climats rudes.

2

Les pruniers sauvages ont une croissance modérée ou lente. Ils développent des cimes en boule qui, par la suite, deviennent étalées. Les rameaux d'un an sont légèrement tomenteux et mats, de couleur brun-gris argenté. Les bourgeons floraux plutôt petits apparaissent sur les courts rameaux fructifères. Les feuilles moyennes, elliptiques ou ovées, se terminent en pointe courte. Le bord du limbe présente des dents de scie acérées. Les fleurs moyennes

1

3

ont des pétales blancs ou verdâtres, en forme de coupelle ou droits. Les fruits (1) moyens sont globuleux, ovales ou semblables aux quetsches. La peau est bleu-rouge, jaune orangé, mauve-brun, couverte de pruine. Son goût est aigrelet. La chair (2, coupe longitudinale du fruit), jaune-vert, jaune ou rosée est assez peu juteuse, agréable au goût. Le noyau (3) de taille moyenne, ovale ou rond, se détache bien de la pulpe ou y adhère fortement, selon la variété. On plante les jeunes arbres en automne à des distances de 5 à 6 x 3 à 4 m. En formant la cime, on conserve le rameau terminal. La taille est relativement simple.

Prunier, mirabelle

Rosacées

Prunus domestica ssp. *insititia* syn. *P. insititia*

Rosaceae

La mirabelle est une petite prune le plus souvent globuleuse et de nuance jaune. En général, sa pulpe se détache facilement du noyau. On mange les mirabelles fraîches ou au sirop. Les prunes sont des fruits à noyau que la botanique définit comme de vrais fruits, issus de la transformation et de la différenciation du pistil, en particulier de l'ovaire, sa partie inférieure. La paroi de l'ovaire, devenue paroi du fruit, est appelée péricarpe ; ce dernier comprend l'épicarpe (peau du fruit), le mésocarpe (chair proprement dite) et l'endocarpe (noyau ligneux). Le noyau abrite une graine. Le fruit résulte de la transformation d'un seul ovaire dont la suture, bien marquée ou à peine ébauchée, reste toujours apparente. On distingue des prunes hâtives, semi-hâtives ou tardives, selon leur époque de maturité.

La fertilité des pruniers dépend en grande partie de la pollinisation et de la fécondation des fleurs. On peut ainsi subdiviser les pruniers en deux groupes : les pruniers à pollinisation directe (autopollinisation) fructifient abondamment ; ils sont fécondés par leur propre pollen, la présence de pollen d'une autre plante n'apportant pas une amélioration notable de productivité. En revanche, les arbres à pollinisation indirecte ou croisée sont autostériles : ils ont besoin d'être fécondés par d'autres variétés, généralement bien précises. Ainsi, pour chaque prunier autostérile, il faut connaître les variétés correspondantes si l'on veut obtenir une bonne récolte. Le critère déterminant pour l'arboriculteur est la période de floraison : le prunier pollinisé doit fleurir en même temps que la variété pollinisante (dichogamie).

2

Les pruniers à mirabelles présentent des cimes de taille moyenne, pyramidales ou en boule. Les rameaux d'un an, courts, sont brun-rouge au soleil, brun verdâtre à l'ombre. Les feuilles moyennes, de forme elliptique, sont vert foncé et mates. Le bord du limbe est fortement denté. Les petites fleurs ont des pétales blancs, ovales.

1

Les petits fruits (1) sont généralement globuleux ou légèrement allongés. La peau est le plus souvent jaune avec une légère tache orangée et couverte de pruine. La chair (2, coupe longitudinale du fruit) vert-jaune ou jaune d'or est ferme et juteuse, sucrée et parfumée, d'un goût excellent. Le petit noyau (3) elliptique se détache bien de la pulpe. Dans le passé, on cultivait les mirabelles davantage qu'aujourd'hui. On plante les jeunes arbres en automne ou au printemps, en respectant des distances de 4 à 5 m dans chaque rangée, et de 3 à 4 m entre les rangées. En formant la cime, on conserve le rameau terminal et 4 branches charpentières. La mirabelle de Nancy est la variété la plus connue.

3

Prunier, reine-claude Rosacées

Prunus domestica ssp. *italica* syn. *P. italica* *Rosaceae*

L'origine des reines-claudes est la même que celle des autres prunes. Elles sont moins courantes que les quetsches et les prunes d'Ente mais, depuis quelque temps, elles font l'objet d'un regain d'intérêt chez les arboriculteurs. G.Hegi a subdivisé les pruniers morphologiquement proches selon leur parenté botanique en sous-espèces et en variétés. Conformément à cette classification, les reines-claudes globuleuses appartiennent à la variété *claudiana,* alors que les reines-claudes ovales entrent dans la variété *ovoidea.* Pour être établies avec certitude, la parenté des pruniers et leur classification demandent des recherches cytologiques et des expériences génétiques, mais grâce à cette démarche, on est en mesure aujourd'hui de déterminer de façon satisfaisante les origines des différents arbres fruitiers et de distinguer des groupes correspondant à leur évolution naturelle. On classe dans le groupe des reines-claudes des variétés aux fruits assez gros, généralement globuleux, ovales ou ovoïdes, à la peau ferme et acide qui se détache bien de la chair. Le noyau est plus large et plus épais que celui des quetsches. La coloration de la peau varie du plus clair au plus foncé. D'un goût délicieux, les reines-claudes peuvent être consommées fraîches, mais elles conviennent également à la fabrication de fruits au sirop et d'eaux-de-vie. Elles résistent assez bien à la moniliose.

Les exigences des pruniers à reines-claudes en matière d'emplacement et de sol sont analogues à celles des autres pruniers, les sols secs ou au contraire trop lourds étant déconseillés. Les reines-claudes destinées à la consommation directe doivent être cueillies lorsqu'elles sont bien colorées ; elles ont alors le goût sucré et parfumé propre aux différentes variétés. On cueille les fruits qu'on s'apprête à manger frais avec le pédoncule, tout en veillant à ne pas casser les rameaux fructifères pendant la récolte.

3

Ces pruniers sont des arbres à croissance moyenne qui forment des cimes en boule, hautes et larges. Les rameaux d'un an sont généralement courts, brun-violet ou rouge-gris, souvent couverts sur toute leur longueur de courtes villosités clairsemées. Les lenticelles forment des points et des lignes. Les feuilles elliptiques ou ovées sont légèrement pointues. Le bord du limbe,

1

fortement denté à la base, devient simplement ou doublement denticulé vers la pointe. Les gros fruits (1) sont globuleux ou ovoïdes. La peau est le plus souvent vert-jaune ou brun-mauve et couverte de pruine ; elle s'enlève facilement. Son goût est acide, tandis que la chair sucrée, parfumée, a un goût très agréable. Cette dernière (2, coupe longitudinale du fruit) est jaune verdâtre ou jaunâtre, ferme et très juteuse. Le noyau (3) de taille moyenne s'en détache bien. On plante les jeunes arbres au printemps ou en automne, à des distances de 4 à 5 x 3 à 4 m. Lors de la taille de formation, on conserve le rameau terminal ; on opte généralement pour une forme naine ou à basse tige. Parmi les nombreuses variétés, citons les reines-claudes d'Oullins, très fertile, de Chambourcy, d'Altan, et les variétés dorée et violette.

2

Pêcher, pêche — Rosacées

Prunus persica — *Rosaceae*

Le pêcher est originaire de Chine où on le connaissait déjà au IIIe millénaire avant J.-C. Certains textes, cependant, situent sa patrie en Iran dont l'ancien nom (Perse) est à l'origine du nom scientifique de l'espèce *(persica)*. Le pêcher s'est sans doute répandu rapidement vers l'ouest, en Iran, d'où il a été importé en Grèce par Alexandre le Grand. Il fut probablement introduit très vite dans l'Empire romain, car Pline cite l'existence de plusieurs variétés dès la première moitié du Ier siècle après J.-C. De nos jours, les pêchers sont cultivés en Europe, surtout en Italie, en France, en Bulgarie et en Espagne. Sur le continent américain, les plus gros producteurs sont les États-Unis et le Canada, le Mexique, l'Argentine et le Brésil. Au Proche-Orient, c'est la Turquie, en Asie, le Japon, en Afrique, l'Afrique du Sud et le Maroc et en Océanie, l'Australie. Certains botanistes ont distingué différents groupes écologiques dont voici les plus importants :

— pêcher de Fergana : noyau à surface caractéristique, forme du fruit aplatie.

— pêcher du nord de la Chine : fleurs essentiellement roses, fruits à chair blanche et à longue période de dormance.

— pêcher du centre et du sud de la Chine : période végétative et période de dormance courtes, chair blanche ou jaunâtre.

— pêcher occidental, groupe iranien : fleurs essentiellement campanulées, fruits généralement à chair jaune.

Plus communément, on distingue les variétés à chair jaune des pêches à chair blanche.

Le pêcher est un arbre fruitier pérenne à feuilles caduques. La forme et la densité de la cime sont des critères d'identification des différentes variétés. Les feuilles longuement lancéolées se terminent par une pointe acérée. Le bord du limbe est denté ou finement denticulé. Les nectaires situés sur le pétiole, à la base du limbe, constituent un important critère

2

d'identification spécifique. La forme et la couleur des fleurs sont autant de caractéristiques propres à chaque variété. En principe, on distingue deux types floraux : fleurs à grands pétales (rosacées) et fleurs à petits pétales (campanulées) (1). Quant aux fruits (2), les traits caractéristiques sont la forme, la couleur, la période de maturité, le velouté de la peau, la couleur de la chair et son adhérence au noyau. Ce dernier est également un critère d'identification de la variété. On plante les formes en gobelet au printemps, à des distances de 4 x 4 m, alors que les formes en Y sont plantées en rangée, à des intervalles de 3 m. Parmi les variétés importantes, il convient de citer Sunhaven, Redhaven, Fairhaven et Cresthaven.

Pêcher, pavie Rosacées
Prunus persica var. *scleropersica* *Rosaceae*

Cette variété présente la même origine et le même mode d'expansion en Europe que l'espèce botanique. Le pêcher est un arbre fruitier qui se distingue par ses grandes exigences en matière de chaleur et d'ensoleillement. Les régions qui conviennent le mieux à sa culture sont celles où la température moyenne annuelle approche de 7 à 10 °C et qui sont situées à une altitude de 200 m. Il prospère sur des sols chauds, riches en matières nutritives, aérés et suffisamment humides. Les cultivars de pêchers sont le plus souvent greffés sur semis de pêcher, même si on peut utiliser d'autres porte-greffes comme, par exemple, le pêcher-amandier qui convient bien aux terrains plus secs, riches en calcite.

Les pêches sont des fruits très appréciés. Les variétés à chair ferme comme les pavies se prêtent particulièrement bien à la conservation au sirop. Cependant, ces pêches sont également consommées fraîches. La valeur nutritive des pêches est considérable. Elles contiennent en effet de 8,5 à 13% de sucres, de 0,7 à 0,9% d'acides, de 0,05 à 0,11% de tanins, de 0,4 à 0,75% de pectine et de 0,45 à 0,85% de cellulose. Leur teneur en vitamines C, P, A, B 1, B 2, PP, et E varie en fonction de la variété. Digestes, elles sont également riches en potassium, en calcium, en magnésium et en phosphore. Les pêches présentent des vertus curatives en cas de troubles de la vésicule biliaire et de l'appareil digestif. La culture du pêcher est de nos jours fort répandue ; il compte parmi les arbres cultivés le plus fréquemment dans les jardins.

La variété *scleropersica* (1) se distingue essentiellement par la consistance du fruit et la forte adhérence du noyau à la pulpe (2, coupe longitudinale du fruit). La fleur (3) est le plus souvent campanulée, les feuilles (4) ressemblant à celles de l'espèce type. Les fruits du groupe des pavies sont surtout mis en conserve bien qu'on puisse les manger frais. Ce sont en outre des variétés fertiles et leurs fruits atteignent la taille requise par les normes. Leur chair ferme, jaune et parfumée à maturité, autorise la récolte mécanisée. Les différentes variétés du groupe parviennent à maturité les unes après les autres. En anglais, on appelle *clingstone* ces pêches

3

1

2

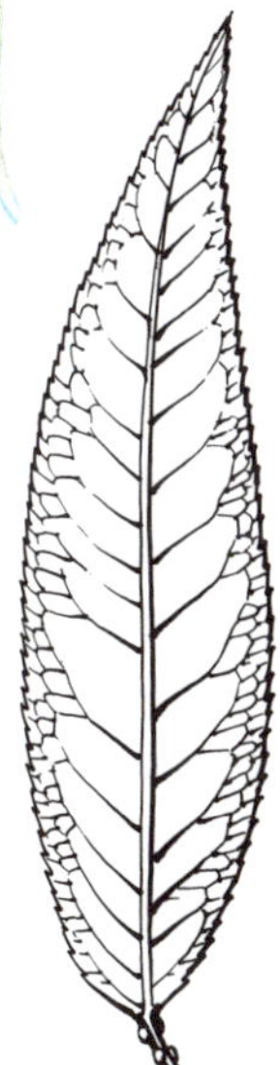

4

à noyau adhérent, le verbe *to cling* signifiant s'attacher ou s'accrocher. La plantation des jeunes arbres, la taille et les autres interventions s'effectuent comme chez l'espèce type.

Pêcher, nectarine Rosacées

Prunus persica var. *nectarina* f. *aganonucipersica* *Rosaceae*

Les nectarines ont la même origine que les pêchers à pavies. En dépit de la saveur exquise de leurs fruits à la peau glabre, les nectarines sont peu répandues, car elles sont plus exigeantes en matière de conditions écologiques que les autres pêchers. En Europe, on les cultive en Italie, en Espagne, en France, en Hongrie et en Roumanie ; en Amérique du Nord, ces pêchers prospèrent en Californie. Les amateurs s'intéressent néanmoins souvent à cet arbre fruitier qu'ils plantent dans leur jardin. Les fruits sont consommés frais. La plupart des excellentes variétés de nectarines sont d'origine californienne ; elles nécessitent beaucoup de lumière et de chaleur, car elles se fendillent sous la pluie. Les fruits sont souvent attaqués par les insectes, les oiseaux, mais aussi par la moniliose et l'oïdium. L'objectif des arboriculteurs est donc de sélectionner une variété fertile donnant des fruits résistants et de bonne qualité. Compte tenu de leur fragilité, il est possible de cultiver les nectarines dans les petits jardins, en leur ménageant un emplacement ensoleillé et bien abrité.

3

Les pêchers à nectarines ressemblent aux pêchers à pavies. La principale différence concerne les fruits (1). Juteuses et parfumées, délicieuses au goût, les nectarines ont la peau glabre. Délicate, la chair est jaune, parfois blanche (2, coupe longitudinale du fruit). Le noyau (3) est le même que celui des pavies, à ceci près qu'il se détache bien de la chair. Compte tenu des fortes exigences des nectarines en matière de lumière et de chaleur, on doit planter les arbres sur des terrains chauds, bien ensoleillés, à l'abri du vent. On plante les arbrisseaux au printemps, en respectant des distances de 4 x 3 à 4 m. On opte généralement pour une forme en gobelet comportant 3 ou 4 branches charpentières.

1

2

La taille s'effectue au printemps, de préférence avant le bourgeonnement. Les coupes doivent être protégées par un baume cicatrisant ou de la cire. Nectared 4 et Nectared 5 se prêtent bien à la culture dans les petits jardins.

Pêcher, brugnon Rosacées

Prunus persica var. *nectarina* f. *scleronucipersica* *Rosaceae*

Les brugnons, très proches des nectarines, ont comme elles une peau glabre, mais le noyau adhère à la chair. Originaires de Chine, ils se sont répandus en Grèce par l'Iran en même temps que les pêchers à pavies. On connaît les brugnons à chair jaune et à chair blanche. Certains arbres ont des fleurs à grands pétales (fleurs rosacées), d'autres à petits pétales (fleurs campanulées). Le groupe comporte des variétés à maturation échelonnée, depuis les plus précoces jusqu'aux plus tardives. Bien que certaines d'entre elles produisent des fruits ressemblant à de grosses prunes globuleuses, elles n'ont aucun lien de parenté avec les pruniers ; les feuilles et les fleurs sont d'ailleurs bien celles d'un pêcher.

Les pêchers à brugnons manifestent les mêmes besoins écologiques que les pêchers à nectarines, bien que certaines variétés (surtout celles à petits fruits) soient plus modestes. Les fruits sont très savoureux et parfumés, mais le noyau qui adhère fortement à la pulpe peut présenter un certain inconvénient. Ils ont tendance à se fendiller lors des intempéries et sont sujets à la moniliose, comme les nectarines. Les terrains en pente douce exposés au sud, au sud-est ou au sud-ouest conviennent parfaitement à la culture de ces arbres, les expositions nord-est et nord-ouest étant déconseillées. La température annuelle moyenne idéale varie de 7 à 10 °C, avec une moyenne supérieure à 18 °C au mois de juillet. Le taux de précipitations annuel optimal est de 600 mm. Les brugnons nécessitent un sol riche en matières nutritives, aéré, suffisamment humide, les terres acides et lourdes ne convenant pas à leur culture.

Les arbres forment des cimes moyennement denses au port caractéristique. Les rameaux d'un an (1), les bourgeons à feuilles et à fleurs ressemblent à ceux des nectarines. Les feuilles longuement lancéolées s'achèvent en une pointe acérée. Le bord du limbe est denticulé, voire denté, le pétiole (2) porte 2 ou 3 glandes globuleuses ou réniformes. Les fleurs roses sont rosacées ou campanulées. La forme, la taille ou la coloration du fruit (3) sont variables. La peau glabre et brillante est parfois constellée de lenticelles à peine visibles. La chair molle et peu dense est jaune, blanche ou blanc verdâtre. Juteuse, d'un goût excellent, elle adhère solidement au noyau.

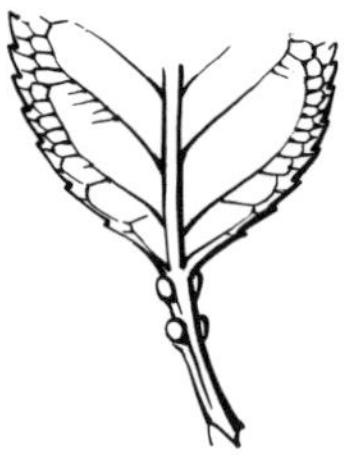

2

3

Les jeunes arbres en gobelet comptant de 3 à 5 branches charpentières latérales doivent être espacés de 4 x 3 à 4 m. La plantation s'effectue tôt au printemps, lorsque le sol est encore gorgé d'humidité hivernale. La taille a lieu le plus tard possible au printemps ; la taille estivale (de juin à août) vise à débarrasser les arbres des rameaux indésirables.

1

Pêcher-amandier (hybride) Rosacées
Prunus x *amygdaloides-persica* *Rosaceae*

Cet hybride est issu d'un croisement entre l'amandier et le pêcher, originaire de Chine. L'origine de l'amandier n'est quant à elle pas certaine, mais il est permis de supposer qu'il provient de l'Asie occidentale. De nos jours, on utilise l'hybride pêcher-amandier essentiellement comme porte-greffe du pêcher sur des sols secs, à haute teneur en calcite. Cependant, certaines variétés portent également des fruits qui peuvent être confits. L'emplacement idéal pour la culture des pêchers-amandiers est un terrain légèrement en pente, chauffé par le soleil, au sol léger et chaud. Les amateurs possèdent parfois des pêchers-amandiers dans leur jardin, à titre de curiosité dendrologique, sans en attendre des récoltes régulières. On cultive les fruits pour l'amande enfermée dans le noyau. On l'utilise essentiellement pour le semis, afin d'obtenir des porte-greffes pour la multiplication des pêchers, mais elle est également comestible, car elle contient des sucres, des protéines et de l'huile. Avant de les consommer, il faut tremper les amandes dans l'eau bouillante, afin de les débarrasser de leur tégument brun. L'amande de l'hybride est toutefois beaucoup plus petite et moins savoureuse que l'amande — fruit de l'amandier. Les fruits verts, confits dans le sucre, sont utilisés séparément ou en mélange avec d'autres fruits.

1

Le pêcher-amandier est un arbre haut de 2 à 5 m, à la cime pyramidale. Les fruits apparaissent sur des rameaux courts caractéristiques. Les feuilles lisses et brillantes, étroitement lancéolées, se terminent par une pointe acérée. Les fleurs moyennes (1) sont courtement pédonculées. Les fruits (2 et 3) sont petits ou moyens, selon l'hybride. L'amande enfermée dans le noyau est semée pour

2

3

obtenir des porte-greffes. Les fruits récoltés, débarrassés de leur enveloppe, sont placés dans du sable humide et conservés dans un local frais, selon un procédé appelé stratification, qui leur assurera une bonne germination au printemps. Les formes naines ou à tige basse conviennent bien à la culture des arbres dont les fruits sont destinés à la production de porte-greffes. On plante les jeunes arbres au printemps à des distances de 4 x 3 à 5 m. Pour des raisons ornementales, on laisse la cime des arbres se former librement. Le cultivar Pollardii est le plus répandu.

Goyavier, goyave — Myrtacées
Psidium L. — *Myrtaceae*

Le genre *Psidium* englobe quelque cent cinquante espèces tropicales et subtropicales, essentiellement originaires d'Amérique du Sud et d'Amérique centrale. Les deux plus importantes, la goyave pomme et la goyave de Cattley (ou goyave fraise) proviennent du Brésil, mais on les cultive aujourd'hui dans de nombreuses régions chaudes du monde entier. La goyave pomme est plus exigeante en matière de température, compte tenu de son origine tropicale ; la goyave fraise, subtropicale, supporte quant à elle de courtes gelées jusqu'à −5 °C. Les deux espèces nécessitent un sol relativement léger, perméable, au pH acide, riche en matières nutritives. Si le goyavier fraise ne se reproduit pratiquement que par semis, on recommande, dans le cas du goyavier pomme, la multiplication par voie végétative (greffage en écusson, bouturage, éventuellement marcottage aérien).

Sur le marché, on rencontre plus souvent le fruit du goyavier pomme qui contient en moyenne 0,9% de protéines, 0,3% de matières grasses, 15% de glucides, 5,2% de fibres et 0,5% de sels minéraux. Parmi les vitamines, il présente des traces de provitamine A et contient des vitamines B 1 (0,03 mg pour 100 g), B 2 (0,03 mg pour 100 g), PP (0,2 mg pour 100 g) et C (de 130 à 300 mg pour 100 g). Sa valeur énergétique est de 67 calories pour 100 g. On peut conserver les goyaves fraîchement récoltées pendant trois semaines environ, à une température de 8 à 10 °C et un degré hygrométrique de 85 à 90%. Goyaves pomme et fraise se consomment fraîches, en dessert, mais se prêtent également à la préparation de jus, gelées, jus concentrés, sirops, vins, fruits au sirop ou salades de fruits. On en fait des crèmes, des sorbets et des préparations pour jeunes enfants. Compte tenu de leur forte teneur en vitamine C, elles peuvent enrichir les jus à base d'autres fruits, pauvres en vitamine C ou au goût plus fade. La goyave pomme est un fruit assez courant dans le monde ; la goyave fraise se cultive plus rarement, bien qu'elle constitue un fruit de table délicieux.

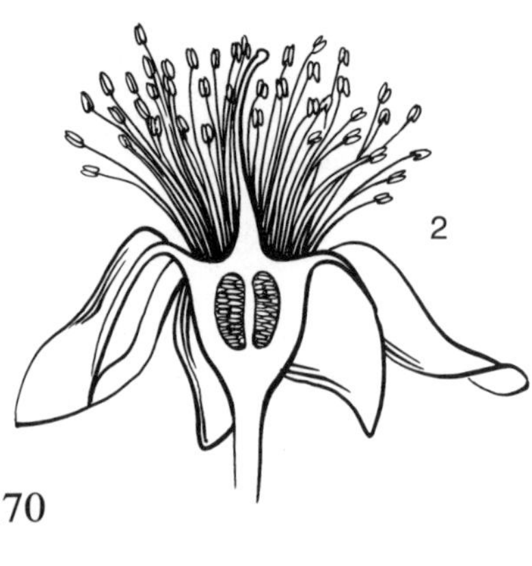

Le goyavier pomme *(Psidium guajava)* est un arbuste ou un arbre haut de 3 à 10 m dont l'écorce se détache par plaques caractéristiques. Les feuilles opposées, courtement pétiolées, sont elliptiques ou ovées. Les fleurs bisexuées, longuement pédonculées, apparaissent en groupes ou par deux. Très odorantes, elles présentent une corolle blanche enfermant une

4

multitude d'étamines. Le fruit est une baie globuleuse, ovale ou piriforme, à la peau verte ou jaune paille, lisse ou bosselée, brillante. La chair juteuse, jaunâtre, rose ou rouge foncé, abrite un grand nombre de graines. Le goyavier fraise *(Psidium cattleianum)* est un arbuste, rarement un arbre, atteignant de 3 à 5 m de haut. Ses feuilles opposées (1) sont ovales, brillantes, coriaces. Les fleurs (2) d'un blanc sale apparaissent solitaires ou par petites grappes. Le fruit (3) ovoïde ou globuleux est protégé par une peau fine, rouge ou pourpre. La chair blanchâtre est juteuse et parfumée, légèrement acidulée. Elle enferme une grande quantité de graines dures (4, coupe longitudinale du fruit).

Grenadier, grenade Punicacées
Punica granatum L. *Punicaceae*

La grenade compte parmi les fruits les plus anciens : on y fait déjà allusion dans l'Ancien Testament. Les Grecs considéraient la grenade comme un symbole de fertilité et la consacraient à Héra et à Aphrodite. Les Romains l'appelaient « pomme punique », car ils l'importaient d'Afrique du Nord, de la région de Carthage. Les grenadiers sauvages ou redevenus sauvages poussent en Asie antérieure, en Transcaucasie, en Iran et en Afghanistan. De nos jours, le grenadier est fréquemment cultivé en Crimée, en Géorgie (au bord de la mer Noire), en Asie centrale, sur le pourtour méditerranéen (y compris dans le sud de la France), mais aussi sur le continent américain. Il prospère sous des climats subtropicaux de type continental, aux longs étés chauds, assez secs, et aux hivers humides, relativement froids. Modeste en matière de sol, il préfère néanmoins les terres fertiles, légères, neutres ou légèrement basiques. Le grenadier se multiplie par semis, par greffage en écusson ou par bouturage. On sème les graines stratifiées au printemps dans un substrat humide drainé par une couche sableuse. Pour accélérer la mise à fruits et améliorer la qualité de la récolte, on greffe des rameaux de plantes cultivées sur des sujets issus du semis. La multiplication par boutures ligneuses se fait en février et en mars.

On consomme les grenades fraîches, mais elles entrent aussi (ou tout au moins entraient) dans la préparation de la célèbre grenadine, de sirops, de vin, etc. Le jus des fruits de bonne qualité contient environ 77% d'eau, 1,5% de protéines, jusqu'à 3% de matières grasses, de 14 à 21% de glucides et de 3 à 4% d'acide citrique. L'écorce des racines contient du tanin utilisé en tannerie et en médecine. Le péricarpe des grenades comporte également de 22 à 33% de tanin qui permet de lutter contre la dysenterie et les troubles digestifs, mais sert également à préparer un pigment noir.

2

Le grenadier est un arbuste ou un arbre haut de 5 m. Les feuilles opposées (1) sont lancéolées, ovales, brillantes, courtement pétiolées. Les fleurs bisexuées (2, en coupe) apparaissent solitaires ou groupées par 2 à 5 à l'aisselle des rosettes de feuilles. La fleur courtement pédonculée comporte une base tubulaire et charnue d'un rouge vif, et une corolle de 5 à 8 pétales. Le fruit (3) est une baie globuleuse, rouge, jaune

1

3

4

ou blanchâtre, portant au sommet les résidus du calice. Le péricarpe coriace et rigide enferme de 6 à 12 loges qui abritent une multitude de graines blanches enveloppées d'un arille succulent (4). L'arille rouge, rose ou blanchâtre donne un jus de la même couleur, sucré, aigrelet ou même acide. Depuis quelques années, on cultive comme plante d'appartement, voire comme bonsaï, *P. granatum* var. *nana,* de petite taille et donnant de petits fruits. Cette variété se distingue par une floraison abondante et une bonne productivité.

Poirier (variétés d'été) Rosacées
Pyrus communis *Rosaceae*

La composition spécifique du genre *Pyrus* n'est pas définitivement fixée, mais c'est le poirier commun *(Pyrus communis)* et son extension originelle qui retiendront notre attention. Les variétés actuelles résultent de croisements multiples entre des espèces européennes et asiatiques. La culture des poiriers, née en Transcaucasie, s'est répandue de l'Asie Mineure jusqu'en Grèce, puis dans l'Empire romain. Par la suite, l'Italie a transmis sa connaissance des poiriers et de leur culture à d'autres pays : France, Espagne, Grande-Bretagne, régions méridionales de l'Allemagne. Les poires, et surtout les poires d'été, comptent parmi les fruits les plus appréciés : on les consomme fraîches, en tartes, cuites, en compotes, en sirops et en alcools. À l'instar des autres fruits, les poires apportent des sels minéraux et des vitamines indispensables à l'organisme. Elles sont toutefois moins digestes que les pommes.

1

La taille des poiriers d'été varie selon la variété. Le port de leur cime est pyramidal, les rameaux latéraux poussent à l'horizontale ou obliquement vers le sol. Les rameaux d'un an sont jaunes ou jaune-rouge, verdâtres à l'ombre. Les feuilles, petites ou moyennes, longuement ovales, se terminent en pointe. Le bord du limbe est faiblement denté. Les fleurs (1), moyennes ou grandes, ont des pétales blancs, arrondis. Les fruits (2), moyens ou grands, sont largement coniques, piriformes ou ventrus. Leur peau délicate et lisse est verte ou jaune d'or, ornée d'une tache rouge irrégulière. La chair (3, coupe longitudinale du fruit) blanche, verdâtre ou jaunâtre est fine, fondante, très juteuse.

2

3

Parfumée, elle a un goût acidulé. On plante les jeunes arbres en automne, à des distances de 3 à 5 x 1,50 à 4 m, selon leur forme et le porte-greffe. Les poires d'été les plus connues sont Clapp, Guyot et Williams.

Poirier (variétés d'automne) Rosacées
Pyrus communis *Rosaceae*

L'origine des variétés d'automne est la même que celle des autres poiriers, mais leur aire d'extension et leur culture sont plus étendues que chez le poirier d'été. Les poiriers sont des arbres plus exigeants que les pommiers. Ils nécessitent des sols perméables, ne tolérant pas la proximité d'une couche aquifère souterraine. Ils préfèrent les sols moyennement lourds, riches en matières nutritives et bien humides, la teneur en calcaire important peu. En règle générale, les variétés d'hiver sont plus sensibles à la température du sol et de l'air que les poiriers d'été et d'automne ; les poires d'hiver ne sont bonnes que si les conditions climatiques optimales sont réunies. L'humidité de l'air, par contre, n'est pas un facteur déterminant dans la culture des poiriers ; un climat sec leur est toutefois favorable car il prévient le développement de maladies telles que la tavelure des poiriers. En matière d'humidité du sol, le poirier est également plus modeste que le pommier.

La plupart des variétés, surtout celles qui produisent de gros fruits, nécessitent une situation abritée des vents permanents ou occasionnels qui risquent de faire tomber les fruits. Une altitude de 200 à 250 m, une température annuelle moyenne supérieure à 8 °C et un taux de précipitations de 450 à 650 mm, constituent les conditions de culture idéales ; on peut alors planter n'importe quelle forme de poirier, en optant de préférence pour les formes à tige basse ou les palmettes. Dans les régions où la température annuelle moyenne n'atteint pas 6 °C, où le taux de précipitations approche 800 mm et qui se situent à une altitude de 600 m, on plante généralement les poiriers d'automne à l'intérieur des villages et des villes pour satisfaire la demande locale. C'est notamment le cas dans les régions de culture des pommes de terre, aux sols lourds, aux couches aquifères situées à faible profondeur et au degré d'humidité atmosphérique plus élevé.

3

La taille des poiriers d'automne dépend de la variété et du porte-greffe utilisé. Les cimes sont en boule ou pyramidales, généralement peu fournies. Lorsque les arbres fructifient, les branches penchent vers le sol. Les rameaux d'un an sont marron clair, se teintant de brun olivâtre ou de brun-vert à l'ombre. Les feuilles, de taille moyenne, sont elliptiques ou ovées, terminées en grande pointe cunéiforme. Le bord du limbe est généralement denticulé. Les fleurs, de taille moyenne, ont des

1

2

pétales blancs et étroits qui ne se touchent pas. Les fruits (1), moyens ou grands, allongés en forme de bouteille, présentent une extrémité effilée. La peau jaune-vert ou jaune porte une grande tache rouge ou couleur cannelle. La chair blanche, jaunâtre ou rosée est fondante, juteuse, acidulée et parfumée, d'un goût excellent (2, coupe longitudinale du fruit). Elle loge des pépins de taille moyenne (3), le plus souvent marron foncé. Beurré Hardy, Louise Bonne, Conférence, Comice et Bosc figurent parmi les variétés les plus cultivées.

Poirier (variétés d'hiver) Rosacées
Pyrus communis *Rosaceae*

Les poiriers d'hiver ne sont pas représentés dans les cultures comme ils le méritent, en partie à cause du petit nombre de formes cultivées de qualité et de leurs grandes exigences à l'égard de leur environnement. On distingue les variétés d'été, d'automne et d'hiver d'après la période de maturité des fruits, leurs qualités et l'utilisation qu'on en fait (industrielle ou consommation directe). Ce dernier élément peut sembler arbitraire, car certaines poires ont des utilisations multiples. Depuis quelque temps, les arboriculteurs manifestent un intérêt accru pour les variétés résistantes à la tavelure des poiriers, qui nécessitent par conséquent moins de traitements chimiques. Plusieurs variétés peuvent donner des fruits sans pépins lorsque les fleurs ne sont pas fécondées. Ce phénomène, appelé parthénocarpie, a un grand intérêt économique lorsque les fleurs sont abîmées par les gelées printanières ou lorsque la pollinisation est imparfaite. Comme chez les pommiers, la culture des poiriers est indissociable de celle des porte-greffes. Pour les arbres tiges, on utilise *Pyrus usuriensis, P. calleyryana* et les cultivars Kirchensaller et Freudières (INRA d'Angers) ; pour les autres, le cognassier (lettres de A à G à East Malling en Grande-Bretagne[1], cognassier d'Angers, types Adams et Sydo, cognassier de Provence et clone BA 29 [1]).

Les poires ne soutiennent pas la comparaison avec les pommes quant à leur importance pour les conserveries, bien qu'elles jouent un rôle non négligeable dans la fabrication de fruits au sirop. Leur valeur nutritive dépend de l'utilisation finale des fruits (consommation directe ou transformation par l'industrie agro-alimentaire). Riches en eau (85%), leur teneur en sucres est de 8% environ. Parmi les acides organiques, l'acide malique, mais aussi l'acide citrique (0,27%) sont représentés. Les poires contiennent de la vitamine C (environ 1,8 mg pour 100 g), la vitamine B n'étant présente qu'en quantité infime.

1. Voir Note page 100.

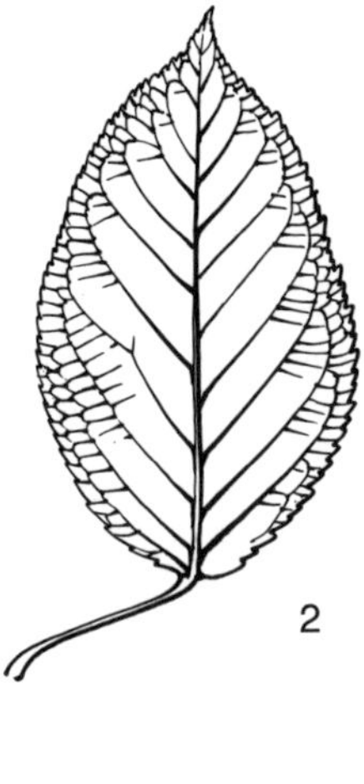

2

La taille des poiriers d'hiver dépend de la variété, mais surtout du porte-greffe utilisé. Les cimes sont largement ou étroitement pyramidales. Les rameaux d'un an (1) sont épais, finement tomenteux. Vert pâle, ils brunissent au soleil et présentent des lenticelles clairsemées. Les feuilles, de taille moyenne (2), sont allongées, voire elliptiques, terminées par une petite pointe.

3

1

Leur bord est finement denticulé. Les grandes fleurs ont des pétales blancs, creusés en forme de coupelle. Les fruits (3) sont grands, largement coniques, ventrus ou au contraire effilés. La peau lisse est vert pâle ou jaune, rehaussée d'une tache rouge du côté exposé au soleil. Fondante et juteuse, la chair blanche ou jaune comporte peu d'amas de cellules scléreuses. Elle est sucrée et relevée, d'un goût excellent. On plante les jeunes arbres en respectant les mêmes principes que pour les variétés d'été, mais il faut veiller à choisir un endroit adapté à leur culture. Parmi les variétés les plus intéressantes, citons Alexandrine Douillard, Anjou et Passe-crassane.

Groseillier, groseille Saxifragacées
Ribes aureum Pursh. *Saxifragaceae*

Le groseillier *Ribes aureum* est une espèce fruitière issue du croisement de retour de la variété à fruits blancs avec d'autres espèces de groseillier, telles que *R. alpinum* ou *R. sanguineum.* Cette nouvelle espèce est le résultat des travaux d'un arboriculteur tchèque, Karel Jašík. *Ribes aureum* nécessite le même type de sol, de climat et d'emplacement que le cassissier. Il croît et fructifie bien sur les sols argileux, humides, riches en humus. Une abondante floraison apparaît dans la première moitié de mai, mais ces fleurs jaunes tubulaires ne se transforment en fruits que si le temps est assez chaud et sec.

Le fruit est une baie globuleuse ou légèrement aplatie, couleur lie-de-vin ou bleu foncé. Les fruits du groseillier *Ribes aureum* sont plus gros que ceux du cassissier. Les baies sont disposées par 5 à 7 en courtes grappes, longues de 40 à 43 mm. Le pédoncule et les pédicelles de la grappe sont épais. Les fruits contiennent de la vitamine C (60 mg pour 100 g), 1,55% d'acides organiques et 10% de sucres. Ils contiennent donc plus de sucre que le cassis, mais leur teneur en vitamine C est d'un tiers inférieure. Ils entrent le plus souvent dans la préparation de confitures, de marmelades et de vin. Leur goût original et relevé est sans égal. Toutefois, les fruits mûrissent irrégulièrement dans la grappe, les pédicelles et le grand calice résiduel persistant sont difficiles à enlever, ce qui constitue un inconvénient certain. Les fruits mûrissants doivent être protégés des oiseaux par des filets.

Le groseillier *Ribes aureum* (1) est un arbuste relativement fourni ; les branches principales épaisses atteignent de 1,80 à 2 m de long. Les feuilles trilobées, rarement pentalobées, vert pâle, ont une nervation peu marquée. L'inflorescence se compose de 8 à 12 fleurs jaunes. Les fleurs bisexuées (2) sont pentamères. La grappe regroupe des baies (3, en coupe) de taille assez égale. La peau enferme une pulpe

1

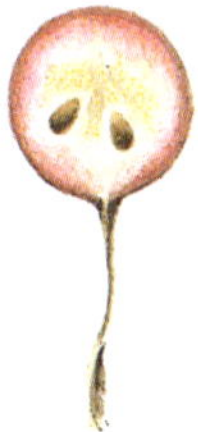

3

gélatineuse d'un blanc verdâtre qui contient de petites graines. Les baies sont parfumées, acidulées, avec un léger goût amer agréable. Elles mûrissent à la fin du mois de juillet, environ trois semaines après le cassis. *Ribes aureum* se multiplie bien par bouturage et par marcottage. On cultive le plus souvent les formes arbustives. Au moment de la taille, il suffit de conserver 4 ou 5 branches charpentières qui, bien alimentées en matières nutritives, fructifient pendant cinq ou six ans. La mise à fruits a lieu trois ans après la plantation. Cette espèce résiste bien aux maladies et aux ravageurs.

Cassissier x groseillier à maquereau (hybride) — Saxifragacées

Ribes nidigrolaria syn. *Ribes* x *nidigrolaria* Bauer. — *Saxifragaceae*

L'hybride *Ribes nidigrolaria* est issu du croisement du cassissier et du groseillier à maquereau. Le premier croisement du cassissier Géant de Boskoop avec le groseillier à maquereau Winham's Industry, effectué il y a déjà plusieurs décennies, avait donné le jour à un hybride épineux quasi-stérile. Les hybrides postérieurs, fertiles, fondèrent des fruits de taille intermédiaire entre le cassis et la groseille à maquereau, couleur lie-de-vin sombre, présentant des nervures. Au sein de l'hybride *Ribes nidigrolaria,* on distingue parfois deux groupes selon la période de maturité des fruits. Les variétés tardives, appelées casseilles, produisent des fruits regroupés par 3 à 5 en grappes courtes. Les baies noires mûrissent progressivement, sans tomber sur le sol. Elles contiennent de la vitamine C (de 100 à 120 mg pour 100 g), 9% de sucres et 3% d'acides organiques. Leur teneur en vitamine C est comparable à celle du cassis. Les baies se prêtent à la préparation de sorbets, de marmelades et de jus de fruits, auxquels elles donnent une agréable saveur épicée. On peut en faire des conserves ou les congeler. *Ribes nidigrolaria* manifeste les mêmes besoins en matière de climat et de sol que le cassissier. Il se multiplie bien par boutures ligneuses. On le cultive sous forme d'arbustes. Il résiste bien aux maladies et aux ennemis habituels du cassissier et du groseillier à maquereau.

1

Ribes nidigrolaria forme des arbustes denses, semi-étalés, hauts de 1,50 m (1, rameau fructifère). Les feuilles palmilobées sont brillantes, vert foncé. Les fleurs ont la forme d'un tonnelet, comme celles du cassissier. La couleur de leurs sépales est due à la présence d'anthocyanine. Le fruit (2 et 3, en coupe) est de taille moyenne si on le compare aux fruits d'autres hybrides.

2

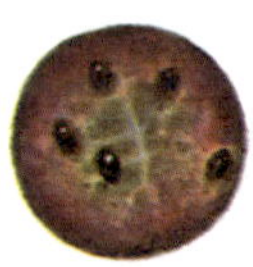

3

Ovale, il mesure 18 mm de long et 15 mm de diamètre. Sa peau noire est glabre. Les casseilles fructifient relativement tard, parvenant à maturité en juillet. Leur calice résiduel se détache mal et leur peau s'arrache lorsqu'on enlève les pédicelles. Les plantes autostériles doivent être pollinisées par une autre variété pour être productives.

Cassissier x groseillier à maquereau (hybrides) Saxifragacées
Ribes nidigrolaria syn. *Ribes* x *nidigrolaria* Bauer. *Saxifragaceae*

Ce second hybride présente des feuilles et des fruits qui ressemblent à ceux du groseillier à maquereau à fruits violacés. C'est une plante sans épines, plus robuste et plus haute que le groseillier à maquereau ou le cassissier. En Allemagne, on a sélectionné un hybride en croisant les variétés Jocheline et Jochina. Ces dernières produisent des fruits à peau très fine, rouge foncé, qui ressemblent aux baies de l'hybride initial, Worcester. Les fruits de cet hybride contiennent de la vitamine C (de 80 à 90 mg pour 100 g), 14% de sucres et 2,2% d'acides organiques. On en fait des sorbets, des marmelades et des confitures. L'arbuste montre les besoins en matière de sol et de climat comparables à ceux du groseillier à maquereau. Les sols argileux, argilo-sableux, neutres et suffisamment humides conviennent bien à sa culture. Il est recommandé de planter les arbustes sur des terrains dégagés, modérément exposés au vent, car les fruits mûrs, sensibles au soleil, peuvent se couvrir de taches. La mise à fruits survient au bout de quatre ans. On plante les plants (le plus souvent d'un an) en rangées, en les espaçant de 2,50 m.

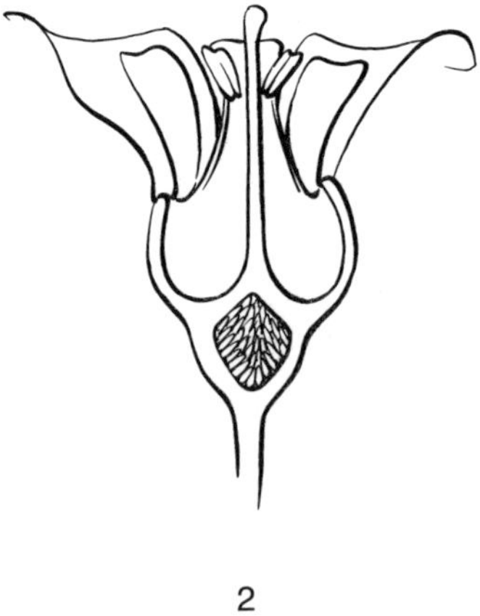

2

L'arbuste (1) moyennement dense, semi-étalé, atteint la taille de 1,50 m. Les feuilles palmilobées sont d'un vert moyen. La forme de base des fleurs est arrondie (2, en coupe) comme chez le cassissier ou la casseille. Les sépales assez importants sont légèrement teintés par l'anthocyanine. Les pétales jaune pâle sont discrets. Un stigmate blanchâtre dépasse très nettement

1

3

de la fleur. Le fruit (3, en coupe) moyen est pâle. Il mesure 18 mm de long sur 15 mm de diamètre. La peau fine est glabre, couleur lie-de-vin à maturité. La pulpe gélatineuse, rose blanchâtre, renferme des graines marron. Le calice résiduel est moyen, de même que le pédoncule et les pédicelles. Le fruit se distingue par son goût excellent, aussi bien frais qu'en confiture ou en sirop : sa saveur aigrelette et relevée est délicieuse. La récolte a lieu dans la première moitié de juillet.

Cassissier, cassis
Ribes nigrum L.

Saxifragacées
Saxifragaceae

Le cassissier est probablement cultivé depuis le début du Moyen Âge. On utilise depuis toujours ses fruits et ses feuilles en cuisine et en médecine populaire. Les apothicaires et les cuisiniers du Moyen Âge connaissaient des recettes originales pour en préparer des sirops, des liqueurs et des gelées qui amélioraient notablement la condition physique et l'état de santé de leurs contemporains. Les fruits sont très riches en vitamine C (de 90 à 240 mg pour 100 g selon la variété). Par ailleurs, ils contiennent des sels minéraux, des acides organiques et des sucres. De nos jours, le cassis connaît des utilisations multiples en cuisine, mais aussi dans les conserveries et autres secteurs de l'industrie agro-alimentaire. Les feuilles du cassissier séchées, mélangées à d'autres plantes, entrent dans la préparation de tisanes.

Le cassissier nécessite des sols profonds, argileux, bien humides et une taille de régénération régulière. Les plantes jeunes ou portant des fruits en cours de maturation ont besoin d'un arrosage important. Le cassissier tolère mal l'exposition au vent qui perturbe l'activité pollinisatrice des abeilles et des bourdons. Il se développe et fructifie bien à des altitudes moyennes, sur des sols neutres. Les croisements avec des espèces botaniques apparentées ont donné le jour aux hybrides Ben Lomond, Ben Alder ou Titania ; leur bois et leurs fleurs tolèrent mieux le gel, ils sont plus productifs et résistent mieux aux maladies.

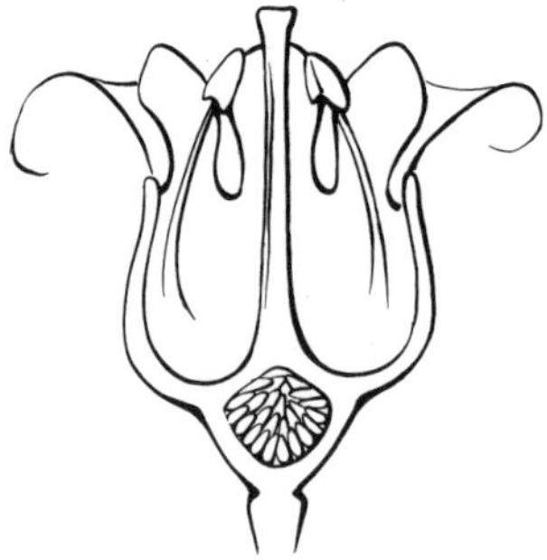
3

L'arbuste (1, rameau fructifère) atteint 1,30 m. Les feuilles (2) palmilobées sont vertes. Les fleurs bisexuées (3, en coupe) sont pentamères, avec des pétales plus petits que les sépales. Elles sont disposées en inflorescences. Les baies (4) se présentent en grappes ; elles sont plus grosses que les groseilles rouges ou blanches *(R. rubrum)*. Leur pulpe verdâtre et gélatineuse qui renferme de petites

2

4

1

graines est protégée par une peau fine. La plupart des variétés parviennent à maturité en juin-juillet. Le cassissier se multiplie très bien par boutures ligneuses. On plante les jeunes arbustes (le plus souvent d'un an) en rangées, en les espaçant de 2 à 2,50 m. Les cultivars autostériles doivent être plantés à proximité d'une variété à floraison simultanée. On cultive les formes arbustives en enchevêtrant les 6 à 8 branches principales dans la cime. Quatre ans après la mise à fruits, il faut commencer à tailler les arbustes pour leur permettre de se régénérer. Cultivars autofertiles : Tenah, Baldwin, Black Reward.

Groseillier à grappes (variétés à fruits blancs) — Saxifragacées
Ribes rubrum — *Saxifragaceae*

L'appartenance d'une variété à un groupe botanique donné détermine la hauteur de l'arbuste, la grosseur des branches charpentières, la densité du feuillage et des rameaux, la forme de la fleur, la longueur de la grappe et parfois même le nombre de baies dans celle-ci. Elle est toutefois sans influence sur la couleur du fruit. Les fruits du groseillier sont des baies globuleuses aplaties aux pôles ou irrégulièrement piriformes. On en fait principalement du jus, des confitures, des marmelades et du vin. Elles contiennent de la vitamine C (de 30 à 50 mg pour 100 g), de 2,5 à 3,6% d'acides organiques et de 4 à 7,5% de sucres. On les consomme moins en fruits de table.

Les groseilliers à fruits blancs et à fruits rouges sont cultivés comme producteurs directs, mais il arrive qu'on les greffe sur *Ribes aureum* pour obtenir une forme arborescente. Cette dernière est très appréciée par les petits cultivateurs, car la mise à fruits est plus rapide. Les grappes sont plus longues et les baies plus grosses ; sa longévité est toutefois plus courte. On plante les formes arborescentes à des distances de 3 x 1,50 m, les formes arbustives de 3 à 3,50 x 2 m. La longévité moyenne des premières est de huit à dix ans, des secondes de vingt ans. Une taille de régénération régulière et une bonne protection contre les ravageurs prolongent la durée de vie.

3

Les variétés de *R. rubrum* (1) sont précoces, les fruits parvenant à maturité courant juillet dans la plupart des régions. Elles se multiplient bien par boutures ; leur mise à fruits est alors plus rapide, mais elles nécessitent plus tôt une taille de régénération. Leurs feuilles (2) sont palmilobées. Elles fleurissent (3) et

1

2

fructifient mieux à des altitudes plus faibles. Elles redoutent la sécheresse et le plein soleil dans les régions méditerranéennes. Les variétés Hollande et Versaillaise blanche figurent parmi les plus cultivées.

Groseillier à grappes (variétés à fruits rouges) Saxifragacées
Ribes rubrum *Saxifragaceae*

Les espèces botaniques *Ribes rubrum, R. petraeum* et *R. multiflorum* qui ont donné le jour aux variétés actuelles à fruits rouges ou blancs sont originaires des forêts et des broussailles des régions centrales et septentrionales de l'Europe et de l'Amérique du Nord. On cultive le groseillier à grappes depuis le XVIe siècle. Actuellement, on le plante aussi bien dans les jardins que sur de vastes étendues, toujours dans le centre et le nord de l'Europe, moins en Amérique du Nord. On peut le cultiver jusqu'au 70e degré de latitude Nord, c'est-à-dire jusqu'en Finlande !

Le groseillier prospère surtout sur les sols argilo-sableux ou argileux, bien humides. La plupart des variétés présentent une floraison abondante ; dans les régions humides où le degré d'hygrométrie est plus élevé à cette période de l'année, la fécondation est bonne. Toutefois, pour parvenir à une pollinisation parfaite, il est recommandé de planter ensemble au moins deux variétés à floraisons simultanées, même s'il s'agit de variétés fortement autofertiles. On déconseille par ailleurs de planter les groseilliers sur les versants méridionaux où les feuilles risquent de s'assécher prématurément ; en outre, une telle exposition compromet le développement des arbustes. Les cuvettes glaciales sont également à éviter. Le groseillier à grappes prospère sur les terrains dégagés, à des altitudes moyennes et même assez élevées. Les variétés dérivées de *R. multiflorum* font preuve d'une plus grande capacité d'adaptation ; elles se montrent moins exigeantes en ce qui concerne l'humidité et les conditions thermiques au cours de leur floraison, de sorte qu'elles conviennent à toutes les régions. Parmi ces variétés, Junifer (autofertile précoce), Rondom (pleine saison) et Heinemann Rote Spatlesse (syn. Groseille-Raisin Industria) sont cultivées en Europe.

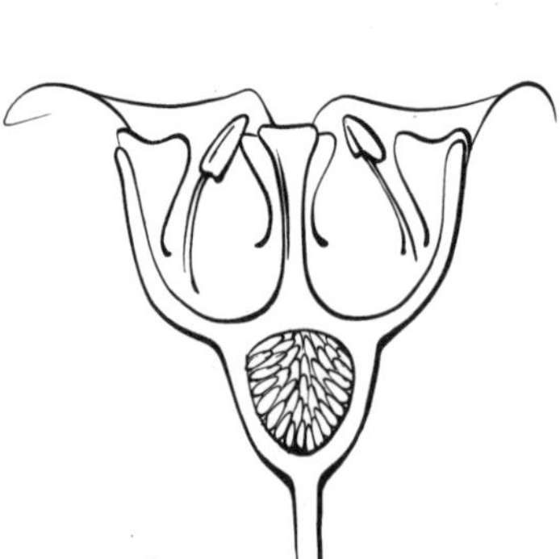

3

Les variétés à fruits rouges telles que Red Lake, Jonkheer Van Tets ou Versaillaise rouge qui sont dérivées de l'espèce *R. rubrum* forment des arbustes et des arbrisseaux plutôt moyens ou petits. Les rameaux fructifères, moins denses, vieillissent rapidement et sont moins

1

4

2

productifs. Les feuilles sont palmilobées (1). Les fleurs bisexuées (2 et 3, en coupe) sont plates comme des soucoupes. Les grappes longues ou moyennes sont composées de grandes baies globuleuses (4), aplaties aux pôles. Les variétés issues des espèces *R. petraeum* et *R. multiflorum* sont plus volumineuses. Dans les régions relativement humides situées à bonne altitude, en Europe centrale notamment, les variétés de *R. petraeum* atteignent 2 m de haut. Ces deux types de variétés ont des charpentières plus robustes et des rameaux fructifères plus denses. Leurs feuilles sont également plus découpées. Les fleurs de taille moyenne sont souvent striées de nervures rouges. Les baies sont généralement globuleuses ou piriformes.

Groseillier à maqueureau (variétés blanches) Saxifragacées
Ribes uva-crispa L.
syn. *Grossularia uva-crispa* (L.) Mill. *Saxifragaceae*

Le groseillier à maquereau pousse spontanément sur les versants dégagés et dans les forêts claires des climats tempérés. L'arbuste, haut de 50 à 80 cm, au port érigé, produit des fruits glabres ou légèrement pubescents. L'espèce ne s'est pas répandue dans les régions méridionales au climat doux. Dès le début du Moyen Âge, les fruits du groseillier à maquereau figuraient dans la pharmacopée populaire. Mattioli mentionne un mets spécial qu'on préparait avec ces « fraises vertes ». Le groseillier à maquereau est cultivé pour ses fruits depuis le XVIe siècle. Les premiers cultivars furent sélectionnés à partir d'individus originaires des régions humides d'Europe occidentale. Les Britanniques ont fait preuve d'un engouement particulier pour cette plante, ce qui explique l'origine et l'appellation anglaises de nombreuses variétés cultivées encore de nos jours.

Le groseillier à maquereau est plus exigeant quant à la nature du sol que les groseilliers à grappes. Il prospère sur des sols argileux, argilo-sableux, calcaires et suffisamment humides. Il nécessite également davantage d'eau et ne tolère pas les périodes de sécheresse passagères, de sorte qu'il est déconseillé sur les terrains secs. Le manque d'eau provoque des troubles de croissance, la chute des feuilles et l'atrophie des baies. Les sols détrempés en permanence, les sols acides et les limons lourds ne se prêtent cependant pas davantage à sa culture. Dans un tel environnement, le groseillier à maquereau souffre de maladies cryptogamiques, est envahi par les lichens et dépérit rapidement. Il préfère les terrains dégagés, exposés aux vents légers, ne dédaignant pas la pénombre. C'est une espèce qui tolère mieux les températures basses que le cassissier. Elle craint elle aussi le soleil intense qui peut couvrir les fruits de taches. Les fleurs sont autofertiles, mais les belles récoltes réclament le concours des abeilles et la présence du pollen d'autres variétés plantées à proximité.

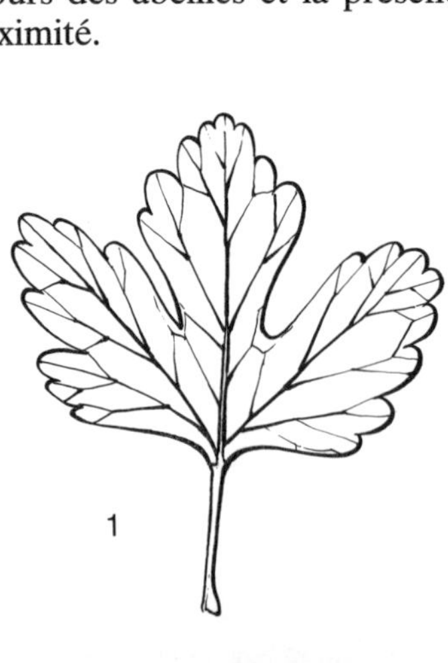
1

On divise les groseilliers à maquereau en groseilliers à fruits blancs, verts, jaunes et rouges, selon la teinte qu'ils prennent à maturité ; les autres signes et caractères distinctifs sont pratiquement négligeables. Les formes arborescentes ont le plus souvent une cime en boule ou en éventail, large de 1 m environ, avec des branches charpentières brun-gris. Les feuilles (1),

3

2

généralement trilobées, sont d'un vert soutenu. Les fleurs (2), bisexuées, sont pentamères. La couleur fondamentale des sépales est jaune verdâtre, sa nuance variant en fonction de la teneur en anthocyanine. La peau des fruits (3) est glabre ou faiblement pubescente. Les groseilles à maquereau récoltées avant complète maturité sont de couleur et de taille homogènes et conviennent très bien à la fabrication de fruits au sirop d'excellente qualité. Parmi les variétés cultivées, citons Golden Drop (fruits jaunes), Green Ocean (fruits verts) et White Smith (fruits blancs).

Groseillier à maqueureau (variétés rouges) Saxifragacées
Ribes uva-crispa L.
syn. *Grossularia uva-crispa* (L.) Mill. *Saxifragaceae*

Les groseilles à maquereau sont des baies généralement ovales, glabres ou faiblement pubescentes, au goût aigrelet ou acidulé. Pour en faire des fruits au sirop, on les cueille en juin lorsqu'elles sont encore dures, la plupart des variétés étant mûres vers la mi-juillet. Les fruits durs destinés à la fabrication de conserves contiennent de la vitamine C (35 mg pour 100 g), 2,3% d'acides organiques et en moyenne 4,5% de sucres. Les fruits mûrs contiennent 6,5% de sucre, mais moins d'acides et de pectine. Les groseilles à maquereau sont donc une matière première de qualité pour les conserves et les produits congelés, tout en étant des fruits de table très appréciés. On destine à cette dernière utilisation les variétés à fruits rouge carmin, jaune vif, ou orange. On cultive les variétés à fruits rouges sous forme arborescente, greffée sur *Ribes aureum,* ou comme arbuste. On espace les jeunes arbres de 2 à 3 x 1,30 m et les arbustes de 2,50 à 3 x 2 m. Dans les jardins privés comme en culture, la forme arborescente prédomine. La longévité moyenne est de huit à douze ans, mais une taille attentive et une protection vigilante contre les champignons la prolongent considérablement.

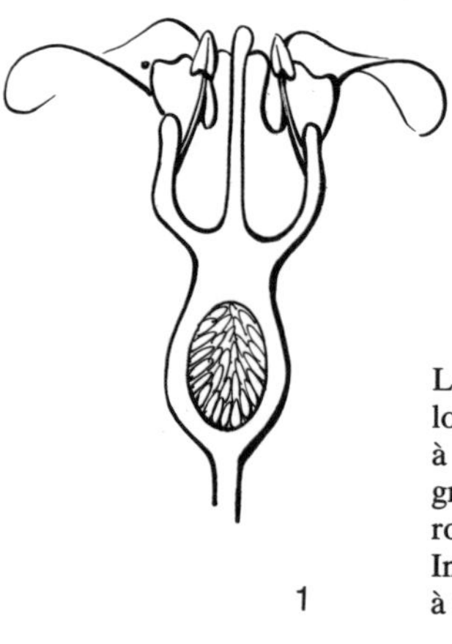
1

Les variétés à fruits rouges (1, coupe longitudinale de la fleur) donnent, à maturité, des fruits clairs, rehaussés d'une grande tache rouge (2 et 3, en coupe), rouge carmin ou lie-de-vin (Winham's Industry, par exemple). Les groseilles à maquereau rouges sont très appréciées

2

3

comme fruits de table, mais se prêtent également très bien à la préparation de sorbets. Les fruits encore verts et durs sont conservés au sirop. En croisant les variétés sans épines à petits fruits avec des variétés à gros fruits très fertiles, on a obtenu des hybrides aux fruits assez grands, présentant peu d'épines, qui sauront certainement gagner la faveur des arboriculteurs amateurs ou professionnels.

Rose pomme Rosacées

Rosa villosa L. syn. *Rosa pomifera* Herrm. *Rosaceae*

Le genre *Rosa* compte quelque cent espèces qui, très variables, se croisent facilement. On plante les rosiers comme plantes ornementales dans les espaces verts ou pour produire des fleurs coupées. Certaines espèces sont utilisées par l'industrie pharmaceutique ou agro-alimentaire et dans la fabrication de parfums. La culture de ces arbustes pour leurs fruits riches en vitamines mérite qu'on s'y intéresse. Parmi les rosiers spontanés, il convient de citer l'églantier *(Rosa canina)* dont les fruits doivent être cueillis lorsqu'ils sont mûrs à point, puis séchés à la chaleur artificielle à une température n'excédant pas 60 °C. L'histoire de la culture des rosiers à gros fruits est relativement récente. Elle s'est développée à partir des années soixante, dans les jardins privés et sur de vastes étendues.

La rose pomme *(R. villosa)* est un arbuste au port érigé haut de 1,50 à 2 m. Ses grandes fleurs rosacées atteignent 50 mm de diamètre. Le fruit est un réceptacle charnu qui abrite des akènes appelés cynorhodons. La partie utile du fruit contient 6,4% de sucres mais surtout une grande quantité de vitamine C : 1 200 mg pour 100 g, c'est-à-dire deux fois plus que les cynorhodons de l'églantier. Parvenus à la maturité, les cynorhodons ne se détachent pas de l'arbuste, mais se fendillent sous l'action des intempéries, puis pourrissent. Le moment de la récolte doit donc être programmé avec soin. On cultive pour leurs fruits d'autres espèces, telles que *R. rugosa, R. cinnamomea* et *R. moyesii.*

3

La rose pomme (1) développe des arbustes de bonne taille aux feuilles composées vert foncé qui comptent de 5 à 7 folioles et aux cynorhodons cylindriques, voire piriformes (2, en coupe). Les fruits mesurent de 20 à 25 mm de diamètre pour 30 à 35 mm de long et sont d'un rouge vif. On plante la rose pomme à des distances de 2 x 3 m. Elle ne montre pas d'exigences particulières en matière de sol et de climat,

1

2

de sorte qu'on peut la cultiver, comme d'autres rosiers à gros fruits, sur des terrains assez pauvres inutilisables pour d'autres espèces fruitières. La rose pomme se multiplie par greffage en écusson sur *R. pomifera. R. rugosa* se prête quant à lui parfaitement à la culture dans les jardins ; de petite taille, il ne dépasse pas 1 m de haut. On observe sur le dessus des feuilles une nervation bien marquée, à l'aspect ridé, le dessous des feuilles étant pubescent. Les cynorhodons issus des fleurs (3), ressemblent à ceux de la rose pomme. Les fruits de *R. moyesii* présentent la plus forte teneur en vitamine C (1 700 mg pour 100 g).

Framboisier (variétés à fruits rouges) Rosacées
Rubus idaeus L. *Rosaceae*

Le framboisier qui fructifie sur les rameaux de deux ans et le framboisier remontant (les fruits apparaissant également aux extrémités des rameaux d'un an) sont issus de l'espèce *Rubus idaeus,* qui pousse dans les forêts claires et sur les pentes broussailleuses en Europe et en Asie occidentale ainsi qu'en Amérique du Nord. D'après des sources anciennes, la sous-espèce européenne aurait été introduite d'Asie Mineure au moment des croisades. Les premières tentatives de sélection de cultivars ont eu lieu au Moyen Âge, dans les jardins des monastères. Depuis le XVIIe siècle, la pharmacopée populaire utilise les feuilles de framboisier séchées. Aujourd'hui, on le cultive pour ses fruits et ses feuilles. On ne cueille que les jeunes feuilles au moment de la floraison de la plante.

Le framboisier nécessite une bonne exposition au soleil, des sols semi-perméables et bien humides. Sa culture est répandue jusqu'au 60e degré de latitude Nord. Outre la vitamine C, les acides organiques et les sucres, les fruits contiennent des substances aromatiques que révèlent un parfum intense et un goût délicieux. On prépare des coupes et divers desserts à partir de framboises fraîches ou décongelées. Elles connaissent également des utilisations multiples en cuisine et dans les conserveries. Elles relèvent le goût et le parfum des produits à base de pommes. Les variétés actuelles ne sont pas toutes dérivées de l'espèce *R. idaeus* et peuvent avoir été obtenues par des croisements de celle-ci avec d'autres espèces, telles que *R. spectabilis, R. occidentalis,* etc. qui ont renouvelé leur qualité. Les hybrides issus de ces croisements se distinguent par une période de maturation plus courte ou par une bonne résistance aux maladies.

2

Le framboisier (1) est une plante arbustive ligneuse dont les rameaux atteignent de 1,30 à 1,70 m. Au cours de la première année, la souche vivace émet des sarments (2) qui fructifient l'année suivante. Ils dépérissent lorsque la récolte s'achève. Ces rejets morts doivent être supprimés rapidement pour ne pas favoriser l'apparition de maladies ou de parasites sur

1

3

les nouveaux rameaux qui fructifieront l'année suivante. Les fleurs blanches sont discrètes. Les feuilles vert foncé comptent de 3 à 5 folioles. La framboise est un assemblage de drupéoles (3, en coupe). Elle est rouge, de forme conique. Le fruit mûr se détache bien du réceptacle. Les variétés remontantes fructifient de juin à octobre ; on peut alors procéder à deux ou trois cueillettes par semaine. Les variétés non remontantes produisent en juillet. On plante les framboisiers en automne ou tôt au printemps, le plus souvent en rangées, en espaçant les plants de 40 à 50 cm. Les variétés à longs sarments doivent être tuteurées ; les rameaux fructifères, en particulier, doivent être attachés avec des ficelles ou des rubans en plastique.

Framboisier (variétés à fruits jaunes) Rosacées
Rubus ssp. *Rosaceae*

Les framboisiers cultivés ne produisent pas exclusivement des fruits rouges. On connaît en effet des variétés à fruits jaunes, orange et même noirs. Le framboisier à fruits jaunes est dérivé de *R. idaeus* et *R. spectabilis,* répandus en Amérique du Nord. Ces deux espèces, cultivées depuis 1827, ont un cycle de fructification bisannuel. Remontant, *R. xanthocarpus* fructifie dès la première année. Il est originaire d'Extrême-Orient. La plupart des variétés à fruits jaunes sont cependant issues de la sous-espèce américaine de *R. idaeus,* aux feuilles imparipennées, composées de 5 folioles. Golden Queen est la plus répandue en Europe et en Amérique. Les framboises jaunes sont appréciées comme fruits de table, mais on en prépare également des gelées et des confitures de couleur inhabituelle, au goût caractéristique. L'arbuste a les mêmes caractéristiques morphologiques et les mêmes exigences que le framboisier classique.

La mûre-framboise *R. occidentalis,* commune dans les régions septentrionales des États-Unis et au Canada, a donné le jour à la plupart des variétés à fruits noirs. On mentionne sa culture dès 1696. Contrairement aux variétés courantes de la ronce, les fruits des formes dérivées de la mûre-framboise se détachent très bien du réceptacle. L'une des variétés les plus répandues est Cumberland. En 1987, on a présenté en Grande-Bretagne une variété intéressante nommée Loch Ness.

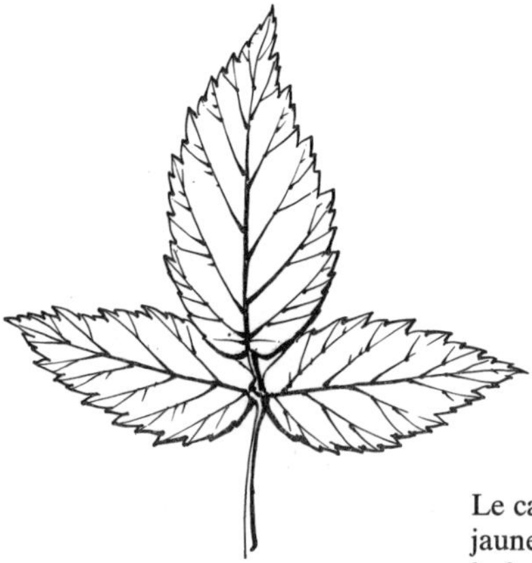

1

Le caractère général du framboisier à fruits jaunes (2 et 3, en coupe) ne diffère pas de la forme à fruits rouges. Il possède, lui aussi, des feuilles vert foncé (1) et une souche vivace qui émet des rejets. Ceux-ci fructifient au cours de la deuxième année

2

3

et dépérissent après la récolte. Les variétés de l'espèce *R. xanthocarpus* font exception à cette règle : à la fin de l'été, des inflorescences peu fournies apparaissent à l'extrémité des rejets d'un an, qui se transforment après fécondation en fruits (assemblages de drupéoles). Le framboisier se multiplie le plus souvent par bouturage des rameaux d'un an bien formés. On le plante en automne ou, s'il a été bouturé l'année précédente, tôt au printemps. La longévité des framboisiers de culture est de huit à dix ans. La plupart des variétés s'autopollinisent, de sorte que la présence de plants pollinisateurs n'est pas indispensable.

Framboisier (variétés remontantes) Rosacées
Rubus idaeus L. *Rosaceae*

Les framboisiers remontants sont eux aussi dérivés de l'espèce *Rubus idaeus*. Les fleurs (1) disposées en inflorescences moyennement denses apparaissent à l'extrémité des sarments d'un an. Les fruits mûrissent au fur et à mesure, en juin et juillet, puis de septembre aux gelées. La période de récolte est donc très longue. Après la fructification, les rameaux connaissent un repos hivernal pour fructifier à nouveau l'année suivante. Cette nouvelle récolte est généralement moins abondante, surtout dans les régions à hiver rigoureux, car durant cette période les rameaux du framboisier remontant souffrent davantage du gel que ceux du framboisier à cycle bisannuel. Plus grands sur les rameaux d'un an, les fruits globuleux ou coniques pèsent en moyenne 3,8 g. Leur teneur en vitamine C (de 20 à 23 mg pour 100 g) et en acides organiques (1,5%) est identique à celle des variétés de juillet, mais la teneur en sucre (9,5%) est supérieure. On consomme les framboises fraîches ou on les utilise pour parfumer les produits à base de pommes hâtives qui mûrissent à la même période. Lloyd George est une variété remontante traditionnelle très appréciée. Les variétés Héritage et Zeva Herbsternte se distinguent par une productivité et une qualité de fruits constantes. September figure parmi les plus précoces.

1

Les sarments des framboisiers remontants (2) sont de longueur moyenne, de 30 cm plus courts et moins ramifiés que ceux du framboisier exclusivement bisannuel. Les feuilles vert foncé comportent de 3 à 5 folioles. Les fruits, des ensembles de

2

3

drupéoles (3, en coupe), sont plus gros que ceux des variétés à cycle bisannuel. Les framboises mûrissent au fur et à mesure, généralement en deux périodes principales. Les règles de plantation et d'entretien sont les mêmes que chez les autres framboisiers. Afin de garantir une bonne récolte au cours de l'été et au début de l'automne, il est recommandé de faire fructifier exclusivement les sarments d'un an.

Mûre-framboise Rosacées

Rubus ssp. x hybrides *Rosaceae*

Les variétés les plus anciennes de la mûre-framboise sont dérivées de l'espèce *R. neglectus,* elle-même issue du croisement spontané des espèces *R. idaeus* et *R. occidentalis.* L'hybride ainsi obtenu pousse en Amérique du Nord. Depuis la fin du XIXe siècle, Géant de Shaffer, Loganberry et Lowberry font l'orgueil des arboriculteurs. Les formes actuelles de la mûre-framboise sont appréciées pour leur bonne productivité (de 4,5 à 5 kg par plante), l'absence d'épines, leur grande taille et la saveur originale de leurs fruits. La forme Loganberry aux fruits rouge foncé porte le nom du jardinier californien M. J. Logan qui a lancé la première variété. La variété Boysenberry Thornless présente des fruits noir-pourpre qui mûrissent de la fin de l'été au début de l'automne. Le dernier type, Veitchberry, mûrit au cours de l'été indien. Contrairement à la ronce, la mûre-framboise supporte relativement bien les sols légers et secs. Ses fruits conviennent particulièrement à la préparation de confitures et de fruits au sirop, remarquables pour leur saveur délicieuse et relevée. Ces variétés aux longs rejets semi-rampants (de 2 à 4 m), doivent impérativement être palissées. On recommande de planter la mûre-framboise à des distances de 2,50 à 3 m en rangée et de former les sarments en éventail ouvert.

2

La mûre-framboise (1) possède des sarments lie-de-vin ou brun violacé qui sont, dans le cas de nouvelles variétés, très longs, sans épines. Les feuilles (2) vert foncé sont rigides, imparipennées ou trilobées, voire pentalobées. L'inflorescence compte en moyenne 8 fleurs bisexuées pentamères, aux pétales blancs. Le fruit composé de drupéoles (3, en coupe), longuement conique, mesure de 30 à 35 mm de long. Les drupéoles et le réceptacle sont plus gros que chez les framboises. Dans les régions froides, la variété américaine Royalty a fait ses preuves, car elle résiste relativement bien au gel. La variété anglaise Tayberry, aux fruits particulièrement gros, nécessite en revanche un emplacement abrité et un climat plus doux.

1
3

Ronce (variétés sans épines) Rosacées
Rubus ssp. *Rosaceae*

Les variétés sans épines de la ronce sont issues des espèces nord-américaines *Rubus laciniatus* et *R. ursinus* qui possèdent des feuilles imparipennées de 3 à 5 folioles et des sarments rampants ou grimpants. Les cultivars présentent de longs sarments rampants, pratiquement dépourvus d'épines, aux feuilles composées. Les hivers très rigoureux leur sont néfastes ; à −23 °C, les rejets sont détruits. C'est pourquoi on préconise de planter ces ronces dans un emplacement abrité. Elles nécessitent des sols profonds, riches en humus et en matières nutritives, argileux ou sablo-argileux, humides. On doit les tuteurer ou les palisser et arroser durant les périodes sèches. Si les sarments fructifères ne sont pas endommagés par l'hiver, les récoltes sont abondantes.

Les fruits, assemblages de drupéoles noir-violacé ou noires, sont de forme largement conique. On les cueille avec le réceptacle. Les mûrons, aussi appelés mûres sauvages, connaissent des utilisations culinaires et industrielles multiples. Ils ont un goût agréablement acidulé, aromatique. La première récolte a lieu dans la première moitié d'août, les autres cueillettes s'échelonnant sur trois semaines. Au cours des années humides, les fruits sont souvent attaqués par la moisissure. Ils ont une grande valeur nutritive, car il sont riches en vitamines, en sucres, en acides organiques et en sels minéraux. La teneur en vitamine C (21 mg pour 100 g) est plus forte que celle de *R. occidentalis.*

3

La ronce sans épines (1) possède des sarments d'un an très longs, fragiles, couchés. Elle connaît une croissance exubérante pendant toute la période végétative, mais émet peu de rejets. Les sarments de deux ans sont plus épais et plus solides, moyennement ramifiés. Les feuilles (2) imparipennées sont entières ou découpées, selon la variété. Vert foncé sur le dessus, elles ont l'envers gris argenté. L'inflorescence (3) compte 5 ou 6 fleurs.

1

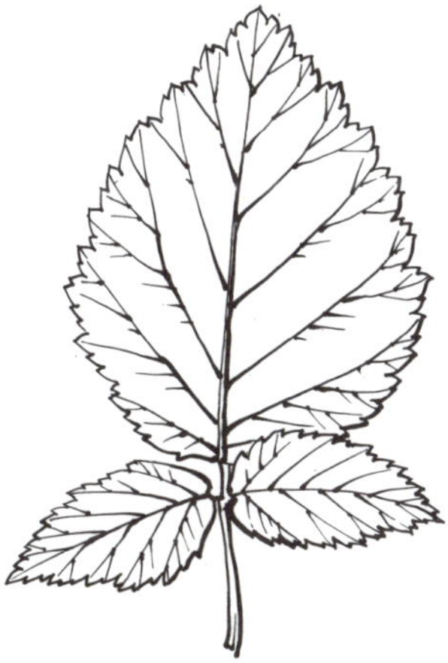

2

Les fleurs bisexuées, pentamères, ont de grands pétales couleur lilas. Elles s'autopollinisent assez bien, même si elles ne possèdent que peu d'étamines. Les fruits coniques, largement coniques ou longuement ovales pèsent environ 5,3 g. Très juteux, ils contiennent de petites graines. Le réceptacle adhère fermement aux fruits, qui ne se détachent pas lorsqu'ils sont mûrs. La variété Thornfree a fait ses preuves dans les régions à climat rigoureux car elle résiste bien au froid pendant sa période de repos végétatif. Aux États-Unis, on apprécie tout particulièrement la variété Smoothstem, totalement dépourvue d'épines, très productive, et dont les fruits sont particulièrement gros.

Mûre-framboise (variétés épineuses) Rosacées
Rubus occidentalis L. *Rosaceae*

Les ronces à épines forment un groupe très variable. Les arbustes, hauts de 2 m, possèdent des sarments longs de 4 m. Arqués, ils prennent racine lorsqu'ils touchent le sol. *R. occidentalis* est répandu dans les forêts et sur les versants broussailleux de l'Eurasie et de l'Amérique du Nord. Les mûrons sont récoltés comme les fruits des bois. On a sélectionné, à partir des formes rampantes, des formes arbustives. Les premières variétés ont été décrites en 1859. Cette ronce nécessite un emplacement ensoleillé, chaud, à l'abri des vents. Sans montrer d'exigences particulières en matière de sol, elle fructifie abondamment et donne des fruits de bonne qualité sur des sols moyennement lourds, perméables, suffisamment humides, légèrement acides ou neutres. Les fruits sont riches en sels minéraux, en sucres, en acides organiques et en vitamine C.

Le mûron (ou mûre sauvage) est, de toutes les baies, la plus riche en vitamine A. Il connaît différentes utilisations culinaires grâce à son goût relevé et aromatique. Les ronces épineuses présentent le plus souvent des formes arbustives au port érigé ; les rejets qui poussent à proximité de la plante mère adoptent la même allure. Pour faciliter la récolte, il est recommandé de palisser les sarments et de débarrasser la plante, avant la cueillette, des sarments d'un an inutiles ainsi que des rejets trop faibles. On opère généralement plusieurs cueillettes successives. Les fruits mûrissent régulièrement et sans excès et ne sont pas sensibles à la moisissure. Ils supportent la congélation.

3

Les cultivars de la mûre-framboise à épines sont des arbustes denses à port érigé. Les rejets solitaires (1) présentent une section pentagonale. Couverts d'épines, ils mesurent 1,50 m de long.
La plupart des variétés fructifient surtout sur des sarments de deux ans. Les grandes feuilles imparipennées (2) sont gris argenté

1

2

sur la face inférieure. Les inflorescences apparaissent à l'aisselle des feuilles, sur le dernier tiers du sarment. Les grandes fleurs bisexuées (3) sont pentamères. Les pétales blancs sont disposés en une rangée au bord du réceptacle floral. Dans la plupart des cas, les plantes s'autopollinisent ; cependant, au cours des années défavorables à la fructification des ronces, on a constaté que la pollinisation effectuée par les bourdons ou les abeilles, porteurs de pollen issu d'autres plantes, provoquait une fécondation suffisante pour assurer une récolte abondante et des fruits de grosseur normale. Les fruits noirs et brillants, le plus souvent coniques, se composent de plusieurs drupéoles. Ils pèsent en moyenne 3,3 g.

Sureau

Caprifoliacées

Sambucus nigra L.

Caprifoliaceae

Le sureau est un arbuste à croissance rapide, commun partout en Europe, en Asie Mineure et en Sibérie occidentale. Il est fréquent dans les forêts-galeries, à l'orée des forêts mixtes, sur les prés, dans les clairières et sur les terrains vagues à proximité des habitations. Sans exigences particulières en matière de sol, il prospère sur les terrains humides, riches en humus et en matières nutritives, surtout en substances azotées. L'utilisation des fleurs et des fruits du sureau est très étendue. Dans l'Antiquité, on appréciait déjà ses vertus curatives, qui devinrent légendaires au Moyen Âge.

Aujourd'hui, le sureau figure toujours dans la pharmacopée populaire. Les fleurs contiennent une huile aromatique, des alcaloïdes, des glucosides. Séchées, elles sont utilisées en pharmacie en infusion pour leurs propriétés diurétiques et sudorifiques. Elles sont riches en sambucine et en choline, les agents les plus efficaces contre la sclérose. Ces alcaloïdes se décomposent à une température supérieure à 90 °C et par la fermentation. Les fruits contiennent des sucres, de l'amidon, des acides organiques, du carotène, des pectines, des vitamines C et B 1. La médecine populaire utilise les fleurs et les fruits de sureau, mais aussi ses feuilles et son écorce. Les conserveries transforment les fruits en pigment organique, en jus, en confiture et en marmelade, mélangés à d'autres fruits. On a sélectionné à partir des écotypes spontanés des variétés très productives aux fruits plus gros qui mûrissent de façon plus homogène. Les cultivars se multiplient par boutures ligneuses, semiligneuses et herbacées.

2

L'arboriculture utilise le plus souvent des sureaux arbustifs ou à quart de tige. La base de l'arbuste ou de la cime est constituée par 5 à 7 branches solides qui, l'année suivante, se couvrent de rameaux fructifères (1). Le sureau à quart de tige possède une cime en boule, assez petite, atteignant une hauteur de 5 m. L'arbuste est plus bas. Les branches charpentières sont gris-brun, couvertes d'une écorce fine.

1

Les feuilles imparipennées possèdent de 5 à 7 folioles lancéolées ou ovées. L'inflorescence, un corymbe ombelliforme, se compose de petites fleurs plates pentamères (2). L'ovaire semi-infère compte 3 carpelles, le stigmate est divisé en trois. Les étamines présentent des anthères jaunes assez importantes qui produisent une grande quantité de pollen. Le fruit à noyau comporte 3 loges. Globuleux, il est de couleur pourpre foncé et mesure de 4 à 5,5 mm de diamètre. Les plantes spontanées ou cultivées résistent mal aux maladies virales et aux parasites.

Sorbier des oiseleurs, sorbe Rosacées
Sorbus aucuparia L. var. *edulis* Dieck. *Rosaceae*

Au début du XIXe siècle, on découvrit dans le nord de la Moravie une variété de sorbier qui se distinguait par le goût agréable et sucré de ses fruits. Les bergers qui l'avaient localisée dans une formation de sorbiers des oiseleurs firent part de leur découverte à un cultivateur qui préleva des greffons sur ces arbres et réussit à transmettre ces caractères positifs à de nouveaux individus. F. Kraetzel contribua largement à rendre publics les résultats de cette expérience et à étendre la culture de cette nouvelle variété ; elle se propagea ainsi dans tout l'Empire austro-hongrois, en Allemagne, en Pologne et plus tard également en Suède et en France.

Le sorbier des oiseleurs à fruits doux est, à juste titre, considéré comme une variété écologique et ornementale des régions situées en altitude et humides, y compris des régions montagneuses. En Scandinavie, on le cultive avec succès jusqu'à une altitude de 1 500 m, et dans les Alpes autrichiennes jusqu'à 2 400 m. Le sorbier des oiseleurs est un arbre, mais sur un mauvais sol ou dans des conditions climatiques plus rigoureuses, il peut se présenter sous la forme d'un arbuste. Dans des conditions favorables, la cime peut atteindre de 8 à 12 m de haut. Les arbres sains atteignent quatre-vingts ans. Les fruits ont d'excellentes vertus curatives. On en extrait industriellement du sucre pour les diabétiques. Par ailleurs, les sorbes contiennent de la vitamine C, du carotène et des acides organiques.

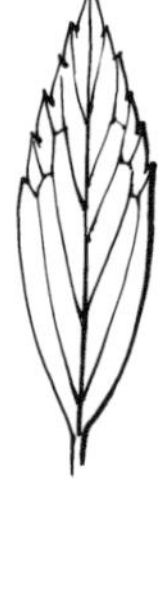
2

Le sorbier des oiseleurs (1) et sa variété à fruits doux se présentent généralement comme des arbres à cime pyramidale qui devient étalée au fil du temps. Les feuilles imparipennées (2) comptent de 7 à 9 folioles. Elles sont entières, vert foncé, plutôt rigides et ovales. Les petites fleurs blanches sont disposées en cymes de 70 à 90 mm de diamètre. Les sorbes (3, en coupe) mûrissent dans la seconde

1

3

moitié de septembre. Elles sont rouge clair, légèrement brillantes. Les variétés de sorbier à fruits doux se multiplient par greffage ou par écussonnage sur semis de sorbier des oiseleurs. On les greffe le plus souvent sur le rameau terminal à une hauteur de 60 cm à 2,20 m. La variété à fruits doux est répandue en Europe centrale. En Allemagne, en Suède et en Finlande, on cultive la variété Rosina, sélectionnée par le centre pomologique Dresde-Pillnitz. Dans les jardins, les variétés naines ont fait leurs preuves. Les sorbiers à haute tige sont plantés le long des voies de communication.

Myrtille Éricacées
Vaccinium corymbosum L. *Ericaceae*

Cette espèce, également appelée brimbelle ou bleuet, est originaire d'Amérique du Nord où elle est fréquemment cultivée depuis la fin du XIXe siècle. De nos jours, on la cultive surtout aux États-Unis, au Canada, aux Pays-Bas, en Allemagne et en Pologne. La myrtille diffère radicalement des autres espèces fruitières par ses exigences écologiques, en particulier en matière de sol. Elle a en effet besoin d'un sol acide (pH de 3,8 à 4,5), et prospère sur des terres semi-perméables, relativement humides, situées dans la pénombre, sur les basses terres ou sur des versants en pente très douce. Les fruits disposés en grappes ont une maturation échelonnée. On les utilise en cuisine et dans l'industrie agro-alimentaire. Ils contiennent des sucres, des acides organiques, des pectines, des vitamines du groupe B et, en moindre quantité, de la vitamine C et du carotène. Ils sont également riches en sels minéraux.

Les myrtilles mûrissent, selon la variété, de la mi-juillet jusqu'à la fin d'août. Les espèces *V. ashei* et *V. angustifolium,* originaires d'Amérique du Nord, sont cultivées aux États-Unis et au Canada. *V. ashei* Reade tolère mieux l'acidité du sol. Les variétés commercialisées sont parfois autostériles, de sorte qu'il faut les planter avec trois ou quatre autres variétés bien choisies. L'espèce *V. angustifolium* est la plus proche de l'espèce européenne *V. myrtillus.* Les fruits de certaines variétés commercialisées parviennent à maturité en même temps, ce qui permet de procéder à des récoltes mécanisées sur les plantations.

2

La myrtille *Vaccinium corymbosum* (1) est un arbuste relativement important qui peut atteindre 2 m de haut dans des conditions favorables. Les feuilles entières sont ovales, vert foncé, brillantes. En automne, elles changent de couleur grâce à la présence d'anthocyanine. Les fleurs bisexuées (2) sont tétramères. Les baies (3, en coupe) de 10 à 15 mm de diamètre sont bleu foncé,

1

3

couvertes de pruine, globuleuses, aplaties aux pôles. La pulpe claire colore moins que celle de *V. myrtillus.* La récolte se fait en deux ou trois cueillettes effectuées à intervalles de sept à dix jours. Les variétés hâtives mûrissent vers la mi-juillet. Les variétés tardives, au contraire, prolongent la récolte jusqu'à la mi-août. Les myrtilles se multiplient par boutures ligneuses ou par marcottage. On plante les arbustes en rangées, à des distances de 1,80 à 2 m. Pour assurer une bonne pollinisation, on combine deux ou trois variétés à floraisons simultanées.

Airelle rouge, airelle Éricacées
Vaccinium vitis-idaea L. *Ericaceae*

L'airelle rouge est issue des écotypes originaux de l'espèce *V. vitis-idaea* qui pousse en formations continues dans les forêts de pins et d'épicéas, sur des sols assez pauvres et des tourbières. L'airelle rouge prospère sur des terres basses, à moyenne ou haute altitude, presque partout en Europe, en Asie et en Amérique du Nord. La productivité des plantes cultivées est plusieurs fois supérieure à celle des plantes spontanées. Dans les jardins, les airelles nécessitent une exposition semi-ombragée, un sol acide et humide enrichi d'un terreau proche du substrat forestier. Elles fructifient de la fin de juillet jusqu'en septembre. Leurs fruits se prêtent surtout à la préparation d'excellents fruits au sirop. Ils contiennent des tanins, des acides organiques (benzoïque et oxalique en particulier), des glucosides, des pigments organiques ainsi qu'une faible quantité de vitamine C (de 20 à 23 mg pour 100 g). Les tisanes préparées à base de feuilles séchées ont des propriétés anti-inflammatoires et antiseptiques. *V. macrocarpon,* originaire d'Amérique du Nord, a donné le jour à des variétés dont les fruits atteignent la taille d'une cerise. Les premières variétés à grands fruits, dérivées de l'espèce évoquée, ont été introduites en Allemagne au début du XXe siècle par le célèbre jardinier Mauer.

2

L'airelle rouge (1) forme un petit arbuste semper virens ne dépassant pas 30 cm de haut. Les feuilles sont le plus souvent ovales, coriaces, alternes. Les fleurs roses (2) sont disposées en grappes. Les fruits (3, en coupe) sont de petites baies qui passent, au fil de la maturation, du blanc au rouge écarlate. La pulpe renferme de minuscules graines. Son goût est

1

3

légèrement amer. Les variétés cultivées ne sont pas plus exigeantes que les plantes spontanées. Il est recommandé de les arroser fréquemment et d'amender le sol autour des pieds. En Europe, on pratique une multiplication par boutures semi-ligneuses sous film de plastique ou sous serre. Les variétés dérivées de l'espèce *V. macrocarpon* nécessitent des arrosages plus fréquents et un sol moins acide (pH de 3,5 à 4). La mise à fruits survient trois ans après la plantation.

INDEX DES NOMS FRANÇAIS

Les numéros en *italique* renvoient aux illustrations.

INDEX DES NOMS LATINS

Les numéros en *italique* renvoient aux illustrations.